Experimental-Untersuchungen

über

Zersetzung und Verbrennung

von

Kohlenwasserstoffen.

Habilitationsschrift

zur

Erlangung der venia legendi für Technische Chemie

an der

Grossh. Bad. Technischen Hochschule zu Karlsruhe

von

Dr. **Fritz Haber.**

München 1896.

Druck und Verlag von R. Oldenbourg.

Vorwort.

Die folgenden Untersuchungen sind im Chemisch-Technischen Institut der Technischen Hochschule zu Karlsruhe i/B. ausgeführt worden.

Herrn Hofrath Prof. Dr. H. Bunte, auf dessen Anregung sie unternommen wurden und dessen lebhaftes Interesse und nachdrückliche Förderung ihren Fortgang wesentlich erleichterte und beschleunigte, spreche ich hier meinen herzlichsten Dank aus.

Die einzelnen Theile sind in Gemeinschaft mit den Herren stud. chem. Georg Samoylowicz, Heinrich Oechelhaeuser und August Weber bearbeitet worden, denen ich für ihre unermüdliche und werthvolle Mitwirkung zu lebhaftem Danke verbunden bin.

Karlsruhe, 28. November 1895.

Fritz Haber.

Inhalt.

A. Über die Zersetzung von Hexan und Trimethyläthylen in der Hitze.

I. Allgemeiner Theil.

Die Umsetzungen, welche aliphatische Kohlenwasserstoffe bei ihrer Erhitzung auf hohe Temperaturen erleiden, sind wenig studirt ungeachtet der Bedeutung, welche diese Vorgänge in der Leucht- und Oelgasindustrie besitzen, und des Interesses, welches sie für die Beurtheilung der Affinitätsverhältnisse von Kohlenstoff und Wasserstoff gewähren. Vielfach sind allerdings Versuche unternommen worden, um für verschiedene Materialien die Menge und Leuchtkraft des aus der Gewichtseinheit erzeugbaren Gases kennen zu lernen[1]), es ist von einzelnen Forschern auch die Zusammensetzung der erhaltenen Gase untersucht worden, aber es fehlt an Versuchen, welche alle Zersetzungsproducte in den Kreis ihrer Aufgaben einbeziehen, sie quantitativ bestimmen und damit ein vollständiges Bild des Vorganges gewähren.

Der Grund liegt in der schwierigen Zugänglichkeit des Gebietes, bei dessen Verfolgung auf der einen Seite complicirte Gemische von Gasen, auf der anderen Seite theerige Producte, welche ein quantitativ nicht auseinanderzulegendes Gemisch verschiedener Componenten darstellen, der Untersuchung in den Weg treten.

In der aromatischen Reihe liegen die Verhältnisse anscheinend einfacher [2]) Der wesentliche Vorgang bei der Erhitzung des Benzols — die Bildung von Diphenyl und Wasserstoff — und einige ähnliche Reactionen sind von Berthelot[3]) schon vor langem sicher erkannt worden.

---

[1]) Zahlreiche bez. Litteraturnachweise enthält Scheithauer Die Fabrikation der Mineralöle. Braunschweig 1895, pg 282 ff

[2]) Ausser den im Folgenden erwähnten Abhandlungen Berthelot's sind für diesen Gegenstand erheblich die Versuche von Barbier, Comptes rendus 78, 1769, 79, 121; 79, 660, 810; Ferko, Ber d. Deutschen chem. G 1887, 660 Ferner die Arbeiten von Liebermann und Burg, Ber 1878, 723, Salzmann und Wichelhaus; Ber 1878, 802; Letny, Ber. 1878, 1210; Atterberg, Ber 1878, 1222, welche eine gemeinsame Specialfrage dieses Gebietes behandeln

[3]) Berthelot, Annal. Chim. Phys. 1866 [IV] Bd 9, 413 ff., 1867 [IV] Bd. 12, 1 ff, 1869 [IV] Bd 16, 143 ff., 1877 [V] Bd. 10, 169 ff Mécanique chimique, Paris 1879, Band II pg. 119 ff. Auf die thermodynamischen Betrachtungen Berthelot's über diese Reactionen,

In der aliphatischen Reihe ist Berthelot weniger glücklich gewesen. Das Beobachtungsmaterial, welches er auf diesem Gebiete gesammelt hat, ist ein geringes, und die Schlussfolgerungen, zu welchen er dasselbe benutzt, greifen in weitgehender und bedenklicher Weise über den Rahmen dieses Thatsachenmaterials hinaus. Nach Berthelot hat Lewes umfassendere Studien über die pyrogenen Reactionen in der aliphatischen Reihe angestellt und ist zu einer von Berthelot abweichenden Anschauungsweise gelangt, die sich indessen ausschliesslich auf einen Specialfall — die niedersten Glieder der aliphatischen Reihe — bezieht.

Berthelot's Untersuchungen, die zeitlich an seine ausgezeichneten Forschungen über das Acetylen anknüpfen, gipfeln in folgenden Sätzen:

1. Die pyrogenen Reactionen sind sowohl Aufbau- als Abbaureactionen. Die Aufbaureactionen — und nur diese — führen zur Bildung von Kohle, indem unter fortschreitender Wasserstoffabspaltung immer complexere Kohlenwasserstoffe entstehen.

(J'insiste sur ce point, que la décomposition immédiate d'un carbure d'hydrogène ne repond pas à sa résolution en éléments mais à sa transformation en polymères ou en carbures plus condensées avec perte d'hydrogène.)

2. Die Aufbaureactionen und Abbaureactionen begrenzen sich gegenseitig, indem die entstehenden höheren Kohlenwasserstoffe wieder zerfallen, die niederen wieder sich zu höheren aufbauen. Das Ergebniss ist ein complicirtes Gleichgewicht zwischen einer grösseren Anzahl von Hydrocarbüren. Für die Zersetzung des Methans z. B. ist der Vorgang durch folgende sechs Gleichungen dargestellt:

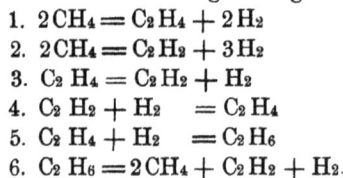

$$1. \quad 2\,CH_4 = C_2H_4 + 2\,H_2$$
$$2. \quad 2\,CH_4 = C_2H_2 + 3\,H_2$$
$$3. \quad C_2H_4 = C_2H_2 + H_2$$
$$4. \quad C_2H_2 + H_2 = C_2H_4$$
$$5. \quad C_2H_4 + H_2 = C_2H_6$$
$$6. \quad C_2H_6 = 2\,CH_4 + C_2H_2 + H_2.$$

3. Die Aufbaureactionen bestehen sowohl in Vereinigungen von Kohlenwasserstoffen mit elementarem Wasserstoff, als in Vereinigungen mehrerer Kohlenwasserstoffmolecüle zu einem grösseren; von den Abbaureactionen gilt mutatis mutandis das Gleiche.

Neben diesen Hauptsätzen über die Reactionsvorgänge besteht nach Berthelot bezüglich der Reactionsbedingungen die allgemeine Gesetzmässigkeit, dass Temperatur und Erhitzungsdauer sich gegenseitig zu vertreten vermögen, indem eine längere Erhitzung auf niedere Temperatur dieselben Resultate ergibt, wie eine kurz dauernde Erhitzung auf höhere Temperatur.

Die Versuche, deren Ergebnisse Berthelot zu diesen Schlüssen führten, waren in zweierlei Weise unternommen. Entweder wurde das zur Untersuchung kommende Gas in einer Retorte über Quecksilber abgesperrt und diese Retorte mehr oder minder stark erhitzt, oder das zu zersetzende Gas durchströmte ein glühendes Rohr, für dessen Temperatur die Gluthfarbe als Anhalt diente.

welche in seiner Mécanique chimique sich finden, einzugehen, erscheint überflüssig, da dieselben auf dem bekannten und genügend widerlegten [z. B. Planck, Thermochemie § 152 in der Encyclopädie der Naturwissenschaften II. Abt., III. Teil: Ladenburg, Handwörterbuch der Chemie, Band 11 pg. 633] principe du travail maximal fussen, richtige Betrachtungen aber auf dem Boden des zweiten Hauptsatzes der mechanischen Wärmetheorie Mangels Kenntniss der freien Bildungsenergien der Kohlenwasserstoffe nicht auszuführen sind.

Die Beobachtungen selbst sind bezüglich der aromatischen Kohlenwasserstoffe recht zahlreich; in der aliphatischen Reihe werden folgende beschrieben:

1. Aethylen und Wasserstoff in der Retorte bilden Aethan;
2. Aethan in der Retorte erhitzt in kleiner Menge Aethylen;
3. Acetylen und Wasserstoff Aethylen[1]);
4. Aethylen für sich eine Spur Acetylen und etwas Aethan;
5. Acetylen und Aethylen verschwinden zu glcichen Theilen aus einem von beiden gebildeten Gemenge. Es entstehen flüssige Producte, vornehmlich ein Körper von der Formel des Crotonylens[2]);
6. Methan im Rohr gibt Acetylen, Olefine, Aethan, Naphtalin und Theer;
7. Amylen und Pentan liefern gleichartige Producte, nämlich sowohl höhere als niedere Olefine, als höhere und niedere Paraffine.[3])

Berthelot nimmt an, dass die Vorgänge in der Retorte und im Rohr gleichartig sind, und dass die höhere Temperatur im Rohr die Vorgänge nur zeitlich beschleunige. Diese Annahme ist willkürlich. In der Retorte werden die Umsetzungsproducte weiter erhitzt und nothwendig Gegenstand weiterer Reactionen; im Rohr kann das der Fall sein, muss aber nicht nothwendig eintreten, wenn man die Temperatur und die Gasgeschwindigkeit so wählt, dass die ersten Reactionsproducte der weiteren Erhitzung sofort entzogen und durch Erkaltung stabilisirt werden.

Gerade jene ersten Producte aber sind von besonderer Wichtigkeit für die Erkenntniss der Vorgänge. Berthelot hält statt dessen die zweiten und dritten Producte fest, die entweder durch eine längere Erhitzungsdauer oder eine höhere Temperatur bedingt werden, und untersucht sie, um danach das Ausgangsmaterial mit diesen Endproducten durch hypothetische Gleichgewichtsreactionen in Zusammenhang zu bringen. Auf diese Weise entsteht eine Theorie, die kein experimentelles Fundament hat, da eine Reihe von Zwischengliedern nicht festgestellt, sondern nur vermuthet ist. Die Unsicherheit wird vermehrt durch unbewiesene Grundannahmen. Dahin zählt der erste der drei Hauptsätze der Berthelot'schen Theorie, dass Kohlenstoff nicht durch Zerfall entsteht. Es ist vollkommen zutreffend, dass der Theer bei pyrogenen Reactionen von Kohlenwasserstoffen immer dicker, fester und schliesslich kohleartig wird, dass er aber bei den höchsten Temperaturen noch Wasserstoff enthält; damit ist aber nicht ausgemacht, dass sämmtlicher Kohlenstoff durch successive Wasserstoffabspaltung und Condensation der Reste entsteht, und dass nicht bei hohen Temperaturen auch directer Zerfall in Kohle und Wasserstoff unter Polymerisation der Kohlenstoffatome im Augenblicke des Freiwerdens einträte. Ebenso unsicher ist die zweite Grundanschauung, dass die fraglichen Vorgänge Gleichgewichtsreactionen sind. Mit dem wesentlich qualitativen Nachweis einer Reihe von Wasserstoffadditionen bzw. Wasserstoffabspaltungen bei einigen niedrigen Olefinen und Paraffinen ist die Annahme nicht begründet, dass ein complexes Gleichgewicht solcher Abspaltungs- und Additionsvorgänge statthat, welches als Grundlage einer allgemeinen pyrogenen Theorie der aliphatischen Kohlenwasserstoffe aufzufassen ist. Es spricht entschieden gegen die Gleichgewichtstheorie, dass die ungeheure Mehrzahl der

---

[1]) Vgl. darüber auch Berthelot, Comptes rendus 94. 916.

[2]) Vgl. über dieses Crotonylen noch Prunier, Comptes rendus 76 pg. 1410.

[3]) Dieser letzte Versuch wird von Berthelot für seine theoretischen Darlegungen nicht nutzbar gemacht.

Körper, welche danach entstehen sollten, gar nicht beobachtet wird. Berthelot bricht seine Gleichungen für Methan mit dem Aethan als complexestem Endproduct ab. Nach seiner Theorie müsste aber zunächst erwartet werden, dass auch Crotonylen, Butylen, Butan, die Glieder mit drei und fünf Kohlenstoffen u. s. w. sich bilden. Um ihr Fehlen zu erklären, muss angenommen werden, dass sie im Entstehungszustand entweder sich sofort zu Theer polymerisiren oder dass sie sofort in einer entgegenlaufenden Reaction zerfallen. Berthelot's Ansicht (Ann. Chem. Phys. [V] Bd. 10 pg. 184), dass die verschwindenden Spuren von Crotonylen und einigen ähnlichen Körpern, die er im Pariser Leuchtgas findet, für seine Theorie sprechen, erscheint keineswegs einleuchtend. Das Anstössigste bei einem solchen Gleichgewicht, wie es für Methan hier wiedergegeben ist, ist die Rolle des Acetylens. Vom Acetylen steht bei Berthelot zweierlei hierher Gehöriges fest, einmal dass es in sehr schlechter Ausbeute bei pyrogenen Zersetzungen entsteht, und zweitens, dass es in einer Ausbeute, die sehr von den Versuchsbedingungen abhängt, beim Erhitzen mit Wasserstoff Aethylen, und dass es beim Erhitzen mit Aethylen etwas Crotonylen liefert. Demgegenüber beobachtet Berthelot, dass es mit Leichtigkeit in aromatische Producte übergeht. Es ist nicht verständlich, wie bei dieser Sachlage Acetylen ein Hauptglied in der Kette der rein aliphatischen Gleichgewichte bilden kann, wie dies in dem Berthelot'schen Beispiel der Zerfallsgleichungen für Methan der Fall ist.

Die Berthelot'schen Anschauungen haben, wie es scheint, Vivian B. Lewes nicht unbeeinflusst gelassen. Indessen sind in seiner Darstellung der Zersetzungsgleichungen verschiedener niederer Kohlenwasserstoffe, die in einer Abhandlung über »The action of Heat upon Ethylene«[1]) gegeben ist, die Gleichgewichte ausgemerzt, und es erscheinen die Aufbaureactionen beschränkt auf immer fortschreitende Acetylenpolymerisationen und auf Nebenreactionen anderer Kohlenwasserstoffe, während die Hauptreactionen Zerfallsreactionen sind. Während er sonach auf der einen Seite den Berthelot'schen Gedanken sich nicht mehr vollständig anschliesst, geht er aber in Rücksicht auf die Bedeutung, welche dem Acetylen zugemessen wird, über Berthelot noch hinaus. Der Anlass dazu liegt in einer Beobachtung, welche in seiner Abhandlung »The luminosity of coal gas flames«[2]) besprochen ist, wonach die aus verschiedenen Höhen einer Leuchtflamme abgesogenen Gase einen Gehalt an Acetylen besitzen, der bis an den unteren Rand der leuchtenden Zone beständig wächst, während die Olefine beständig abnehmen, so dass jene schweren Kohlenwasserstoffe, welche in die Leuchtzone eintreten und dort zerfallen, im Wesentlichen als Acetylen zu betrachten sind.

Lewes ermittelt nun die Temperatur der einzelnen Flammenzonen, insbesondere diejenige dicht unter der leuchtenden Zone, mit dem Thermoelement aus Platin / Platin-Rhodium[3]), welches durch Le Chatelier in die Thermometrie eingeführt ist, und erhitzt alsdann die einzelnen Leuchtgasbestandtheile für sich, bzw. mit Wasserstoff verdünnt, indem er sie durch glühende Röhren leitet, auf dieselbe Temperatur, welche er für die fragliche Flammenzone ermittelt hat, um zu bestimmen, in welcher Menge in diesem Falle Acetylen gebildet wird. Er gelangt zu dem Ergebniss, dass beim Erhitzen des Aethylens die Gleichung

$$3\,C_2H_4 = 2\,C_2H_2 + 2\,CH_4$$

---

[1]) Proceedings Royal Society 1894 Bd. 55 pg. 91.

[2]) Journal Chemical Society 61. 322.

[3]) Holborn & Wien. Wiedemann's Annalen 47 pg. 107.

verwirklicht wird. Das entstehende Acetylen geht in Benzol und weiterhin in höhere Verbindungen über; das Methan zerfällt, falls die Temperatur genügend hoch ist, nach der Formel

$$2\,CH_4 = C_2\,H_2 + 3\,H_2.\,[1])$$

Bezüglich des Acetylens wird behauptet, dass es durchaus nicht ausschliesslich durch Polymerisation in Kohle übergehen könne, sondern dass es eine Temperatur gebe, welche je nach der Verdünnung wechselt, jedenfalls aber die in der leuchtenden Flammenzone einer Gasflamme herrschende ist, bei welcher es direct in Kohlenstoff und Wasserstoff zersplittert. An diesem Punkte gehen also die Ansichten von Lewes und Berthelot diametral auseinander.

Lewes, welcher die Zersetzungsproducte des Methans und Aethylens sorgsam studirt, ist indessen ebensowenig wie Berthelot in der Lage, darzuthun, dass unter ihnen Acetylen jemals in der Menge aufträte, welche seine Gleichungen verlangen, und ist genöthigt, mit der Annahme zu operiren, dass nascirendes Acetylen alsbald in Theer und Kohle übergehe. Auf die Anwendung, welche Lewes von seiner Theorie auf die Leuchtbarkeit der Flammen macht, kann hier nicht ausführlich eingegangen werden; indessen möchte ich nicht unterlassen, auf einen wesentlichen Mangel hinzuweisen, welcher meines Erachtens der Lewes'schen Flammentheorie anhaftet. Lewes scheint von der Ansicht auszugehen, dass es die bei gewöhnlicher Temperatur gasförmigen schweren Kohlenwasserstoffe sind, welche in der leuchtenden Flammenzone als Lichtgeber wirken. Wäre dies so, dann würde allerdings das Vorwiegen des Acetylens unter den Olefinen dicht unterhalb der leuchtenden Zone nöthigen, diesem Kohlenwasserstoff eine entscheidende Wichtigkeit für das Leuchten der Flamme beizulegen.

Es ist aber vollständig unbewiesen, dass es die bei gewöhnlicher Temperatur gasförmigen Kohlenwasserstoffe sind, welche den lichtgebenden Kohlenstoff im leuchtenden Flammentheil ausscheiden. Aus Berthelot's zuvor geschilderten Anschauungen von der Kohlenstoffbildung bei pyrogenen Processen leitet der genau entgegengesetzte Schluss sich her. Folgt man Berthelot's Anschauungen, so ergibt sich für den Vorgang in der Flamme folgende Erklärung: Das vom Brenner kalt ausströmende Gas wird vom Flammenrand aus, in welchem der Verbrennungsprocess eine hohe Temperatur erzeugt, erhitzt. Dabei erleidet es pyrogene Zersetzungen, indem gasförmige und theerige Bestandtheile entstehen, welche letztere naturgemäss innerhalb der Flamme dampfförmig sind. Werden diese theerigen Bestandtheile noch weiter erhitzt, so scheiden sie Kohlenstoff ab, und dieser strahlt in Folge der hohen Temperatur Licht aus.

Ich habe zuvor bemerkt, dass Berthelot's Ansicht, es werde nur durch Polymerisation, nicht durch Zerfall einfacher Kohlenwasserstoffe in Elemente Kohlenstoff abgeschieden, unbewiesen ist.

Wenn Lewes deshalb entsprechend einer entgegengesetzten Grundanschauung die aus Berthelot's Auffassung folgende Erklärung nicht für ausreichend erachtete und neben der Kohlenstoffabscheidung aus dampfförmigen hochmolekularen Kohlenwasserstoffen diejenige aus Acetylen behaupten wollte, so würde gegen diese Ansicht nichts beweisendes einzuwenden sein. Wenn er aber die Kohlenstoffabscheidung aus dampfförmigen, hochmolekularen Kohlenwasserstoffen ganz vernachlässigt und

[1]) Aehnlich bereits bei Berthelot; Wagner, Dinglers Polyt. Journal 217. 64 gibt dieselbe Reactionsgleichung als Zerfallsgleichung des Methans bei hoher Temperatur.

nur vom Zerfall des Acetylens Kohlenstoffabscheidung in der Flamme herleitet, so ist er sicherlich im Irrthume. Die neuesten Publicationen von Lewes[1]) lassen in der That keinen Zweifel, dass Lewes ausschliesslich den aus zerfallendem Acetylen entstehenden Kohlenstoff als Ursache für das Leuchten ansieht und die Kohlenstoffabscheidung auf dem Wege fortschreitender Polymerisation gleich Null erklärt, obwohl diese Art der Kohlenstoffabscheidung bei allen pyrogenen Zersetzungen beobachtet wird. Ueberall entsteht bei niederer Temperatur ein Theer, der mit steigender Hitze dicker, kohliger und schliesslich graphitartig wird. Die Erfahrung lehrt, dass diese theerigen Bestandtheile sich auch in der Flamme finden; denn eine gekühlte Schaale, welche in eine leuchtende Flamme eingebracht wird, so dass sie diese fast ganz entleuchtet, überzieht sich allmählich mit Theer. Dieser Theer ist sicherlich in dem nichtleuchtenden Theil der Flamme vorhanden und hat sich an der kalten Fläche nur condensirt. Auch in der leuchtenden Zone finden sich noch Theerbestandtheile, welche noch nicht zu Kohlenstoff polymerisirt sind, wie aus Stein's[2]) Russanalysen hervorgeht.

So lange deshalb Lewes nicht darthut, dass der Theer in der Flamme zuerst in Acetylen übergehe, ehe er in Kohlenstoff und Wasserstoff zerfällt[3]), hat seine Theorie vom Leuchten der Flammen die Wahrscheinlichkeit gegen sich.[4])

Dabei ist festzuhalten, dass mit der Annahme einer intermediären Bildung von Acetylen derart, dass das gebildete Acetylen im status nascens sofort wieder zerfällt, nichts gewonnen ist. Lewes sieht die Bedeutung des Acetylens darin, dass es in hohem Maasse endothermisch und dadurch befähigt ist, beim Zerfall den entstehenden Kohlenstoffatomen eine sehr hohe Temperatur zu ertheilen. Wenn demnach die Entstehung des Acetylens im unteren Flammentheil Wärme verbraucht, das gebildete Acetylen eine kurze Zeit beständig ist und dann wieder zerfällt, so wird diese Wärme an einer nützlicheren Stelle — im leuchtenden Flammentheil — wieder gewonnen. Dazu ist aber Bedingung, dass der Zerfall nicht im status nascens statthat, denn sonst findet Verbrauch und Wiederfreiwerden von Wärme zeitlich und räumlich gleichzeitig statt, und der intermediäre Process der Acetylenbildung ist für die thermischen und optischen Verhältnisse der Flamme gänzlich gleichgültig.

Unabhängig von ihrem Bezug auf das Problem des Leuchtens der Flammen sind Lewes' Untersuchungen für die Theorie der pyrogenen Umsetzungen ausschliesslich der niedersten Glieder der Olefin- und Paraffinreihe durch ihre sorgsame experimentelle Bearbeitung werthvoll. Berührungspunkte und Abweichungen zwischen

---

[1]) Acetylene and the part it plays in the luminosity of flames, J. of Gas Lighting 1895. 1305; vgl. auch J. of Gas Lighting 1895, 1067 u. 170, sowie Journal für Gasbeleuchtung und Wasserversorgung 1895 pg. 470 u. 483.

[2]) Stein, J. für pract. Chemie [2]. 8. 1874.

[3]) Es ist dabei zu bedenken, dass die dampfförmigen, hochmolecularen Kohlenwasserstoffe vielfach (z. B. Naphtalin) gar nicht in Acetylen ohne Kohlenstoffabscheidung zerfallen können, weil sie den nöthigen Wasserstoff im Molecül nicht besitzen.

[4]) Während des Druckes dieser Abhandlung erschien eine Arbeit von A. Smithells (Chem. Soc. J. 1895, pg. 1049), in welcher die Lewes'sche Theorie aus einem verwandten Gesichtspunkte bekämpft wird. Smithells betont, dass gegenüber dem relativen Vorwiegen des Acetylens unter den schweren Kohlenwasserstoffen dicht unterhalb der leuchtenden Zone nicht vergessen werden dürfe, dass diese schweren Kohlenwasserstoffe insgesammt nur 2% ausmachen und somit unmöglich als zureichende Ursache für die Lichtentwicklung gelten können.

Lewes' Resultaten und den in diesen Abhandlungen mitgetheilten werden später erörtert werden.

Inwieweit Berthelot's Ansichten, soweit sie dieselbe Frage des pyrogenen Zer-falls der niedersten aliphatischen Kohlenwasserstoffe angehen, gegenüber den abweich-enden Ergebnissen von Lewes aufrecht zu erhalten sind, mag dahingestellt bleiben; in ihrer Verallgemeinerung sind sie unrichtig. Dieser Nachweis wird im Folgenden an der Zersetzung des Hexans und des Trimethyläthylens geführt, und der Versuch unternommen, die Gesetzmässigkeiten des Zerfalls höherer aliphatischer Kohlenwasserstoffe richtig zu deuten.

Für die Wahl des Normal-Hexans als ersten Untersuchungsobjectes waren fol-gende Gesichtspunkte maassgebend.

1. Die Untersuchung musste ausgehen von einem Kohlenwasserstoff, welcher ein grösseres Molecül besass als Methan und Aethan.

Bei Methan und Aethan, Aethylen und Acetylen ist ein Zerfall nur denkbar unter Wasserstoffabspaltung, bei der ausserordentlich grossen Zahl anderer aliphatischer Kohlenwasserstoffe ist er aber auch ohne Wasserstoffabspaltung durch Wasser-verschiebung möglich, $C_6 H_{14} = C_5 H_{10} + CH_4$.

Besteht in der aliphatischen Reihe eine Tendenz zu Umsetzungen dieser Art, so war dieselbe aus den Umsetzungen der niedersten Glieder nicht zu erkennen.

2. Die Untersuchung musste von einem Kohlenwasserstoff ausgehen, welcher bereits bei kurzdauernder Erhitzung auf beginnende Rothgluth zerfällt. Methan und Aethylen sind die delicatesten Objecte für eine pyrogene Untersuchung, weil ihr Zerfall erst bei hohen Temperaturen erfolgt. Dadurch werden Nebenreactionen, welche bei niederen Temperaturen untergeordnet sind, begünstigt, alle intermediären Producte sind so labil, dass sie nicht in ursprünglicher Form gefasst werden können.

Die Untersuchung ist nur scheinbar darum einfach, weil man mit den ein-fachsten Molecülen zu thun hat.

3. Die Wahl fiel speciell auf das Hexan, weil seine gerade, sechsgliederige Kette einen Uebergang in Benzol besonders leicht zu ermöglichen schien; ein unmittel-barer Uebergang höherer Glieder der aliphatischen Reihe in aromatische Gebilde, wie ihn H. E. Armstrong und A. K. Miller[1]) vermuthet haben, war hier besonders leicht aufzufinden.

4. Es war schliesslich technologisch von Interesse, vom Hexan als Haupttheil des technischen Gasolins zu wissen, welche Mengen an aliphatischen lichtgebenden Substanzen und welche Mengen an Benzol es erzeugte.

Seit Bunte's Arbeiten über Carburation steht fest, dass Benzol das vollkom-menste Aufbesserungsmittel für Leuchtgas ist. [In neuester Zeit ist dargethan worden, dass $C_2 H_2$ ihm für starke Aufbesserungen gleichkommt.] Nach Benzol [und Ace-tylen, von denen das Letztere erst während dieser Arbeit in technischem Maassstabe aus Calciumcarbid zugänglich und dadurch bez. seines Carburationswerthes näher be-kannt wurde,] ist das Gasolin durch hohen Carburationswerth ausgezeichnet. Es war zu untersuchen, ob dieser Aufbesserungswerth mit einer starken Benzolbildung aus Gasolin in der Hitze zusammenhing.

---

[1]) Chem. Soc. J. 1886, pg. 74 ff.

Versuche über Hexan waren bereits von A n d r e w s und N o r t o n [1]) ausgeführt worden, erschöpften aber, wie die unten gegebene Zusammenstellung ihrer Resultate lehrt, den Gegenstand nicht entfernt; ebenso haben Versuche von P r u n i e r [2]), welcher aus Gasolinfractionen durch pyrogene Zersetzung und Durchleiten der Gase durch Brom Bromide der Olefine gewann, für die hier gestellten Fragen keine erhebliche Bedeutung.

In den nachstehenden Mittheilungen wird nun gezeigt, dass die f u n d a m e n t a l e R e a c t i o n b e i d e r Z e r s e t z u n g d e s H e x a n s u n d T r i m e t h y l ä t h y l e n s nicht im Sinne der B e r t h e l o t 'schen Darlegungen unter Wasserstoffabspaltung, sondern o h n e W a s s e r s t o f f a b s p a l t u n g u n t e r W a s s e r s t o f f v e r s c h i e b u n g s i c h v o l l z i e h t und im Zerfall des ursprünglichen Molecüls in kleinere Mole-cüle besteht. Die Wasserstoffatome werden aus ihrem Zusammenhang mit Kohlen-stoffatomen schwerer gelöst als die Kohlenstoffatome aus ihrer gegenseitigen Ver-kettung. Die Kohlenstoff-Wasserstoffbindung ist in der aliphatischen Reihe fester als die Kohlenstoff-Kohlenstoffbindung. In der aromatischen Reihe findet das um-gekehrte statt. Dort ist die Kohlenstoff-Kohlenstoffbindung so fest, dass der Zerfall in der Hitze zuerst die Kohlenstoff-Wasserstoffbindung löst — Uebergang von Benzol in Diphenyl und Wasserstoff —. Der Widerstand, den die Kohlenstoff-Wasser-stoffbindung dem Zerreissen entgegensetzt, bedingt die relativ hohe Beständigkeit des Benzols und der aliphatischen Kohlenwasserstoffe mit ein und zwei Kohlenstoffatomen im Molecül gegenüber den leicht zerfallenden höheren aliphatischen Substanzen, die unter Wasserstoffwanderung und Sprengung der Kohlenstoffkette in kleinere Kohlen-wasserstoffmolecüle zersplittern können.

Damit treten die pyrogenen Processe in unmittelbaren Zuzammenhang mit den Umsetzungen, welche bei der Einwirkung etwas niederer Temperaturen auf aliphatische Kohlenwasserstoffe bei wissenschaftlichen Untersuchungen und in der Technik vielfach beobachtet worden sind.

Bereits bei B r e i t e n l o h n e r, welcher als der Schöpfer [3]) des modernen Cracking Verfahrens anzusehen ist, ist eine ähnliche Beobachtung angedeutet. B r e i t e n l o h n e r gibt an [4]), dass er beim cracken nur 8[0]/[0] Gase und zwar CH_4, C_2H_4, H, CO, C_2H_2 erhalten habe, über deren relative Mengen er allerdings nichts berichtet. Ausdrücklich sagt hingegen V o h l [5]), welcher die Erscheinungen beim Ueberhitzen der Dämpfe

---

[1]) A n d r e w s & N o r t o n, Jahresbericht für Chemie von Fittica 1886. 572; Original: American Chemical Journal Bd. 8. 1—8.

	Normalhexan		Isohexan	Normalpentan
	Rothgluth	700°	Rothgluth	Rothgluth
Hexylen	sehr wenig	sehr wenig	sehr wenig	
Amylen	sehr wenig	sehr wenig	Spur	vielleicht Spur
Butylen	nichts	wenig	mässige Menge	
Propylen	viel	viel	viel	viel
Aethylen	viel	nichts	viel	viel
C_4H_8	wenig	wenig	wenig	wenig
C_6H_6	wenig	nichts	nichts	nichts
durch Brom nicht absorbirbare Gase	viel	mässige Menge	viel	viel.

[2]) P r u n i e r, Bull. soc. chim. 1873. 110.

[3]) B r e i t e n l o h n e r, Dingler's polyt. Journal 1865 Bd. 175 pg. 392.

[4]) Bull. soc. chim. 1864, pg. 71; auch Chem. Centralblatt 1863, pg. 759.

[5]) V o h l, Dingler's polytechn. Journal 1865 Bd. 177 pg. 69.

mehrerer höherer Kohlenwasserstoffe, die aus amerikanischem Petroleum herausfractionirt waren, studirte, dass Wasserstoff nur auftrat, wenn die Temperatur des Zersetzungsrohres sehr hoch und die Gasgeschwindigkeit klein war.

Thorpe und Young[1]) erzielen das gleiche Ergebniss bei ihren schönen Versuchen über die Paraffindestillation, und zahlreiche Erfahrungen, welche Engler in Gemeinschaft mit seinen Schülern über das Verhalten von Braunkohlentheerölen und Petroleumfractionen unter denselben Bedingungen, die Thorpe und Young für die Zersetzung des Paraffins anwandten, gemacht hat, sowie Beobachtungen auf den Riebeck'schen Montanwerken über die Gase, welche bei dem dort üblichen Druckdestillationsverfahren entstehen, bilden eine weitere Bestätigung.

Eine bemerkenswerthe Verschiedenheit der pyrogenen Processe, welche ich studirte, von den Beobachtungen Thorpe's und Young's besteht hinsichtlich der Stelle, an welcher die Absprengung statthat. Es ist eine zweite Gesetzmässigkeit, dass es einfache endständige Glieder sind, welche beim kurzdauernden Ueberhitzen von Dämpfen auf hohe Temperaturen abgesprengt werden, während unter den Bedingungen von Thorpe und Young die Spaltung wesentlich in der Mitte stattfindet. Dabei zeigt sich, dass in dem grösseren Rest, falls das Molecül des Ausgangsmaterials eine Doppelbindung nicht enthielt, stets die bei der Wasserstoffverschiebung entstehende Doppelbindung eintritt. Es entsteht z. B. aus einem Kohlenwasserstoff Hexan:

$$C_6 H_{12} = C H_4 + C_5 H_{10}.$$

Zu demselben Schlusse führt das Studium der wichtigen Untersuchungen, welche H. E. Armstrong und Miller (l. c.) über die Condensate aus Oelgas angestellt haben, in denen sie von aliphatischen Producten nur Spuren einiger höheren Kohlenwasserstoffe der Paraffinreihe neben einem Reichthum an Olefinen der fünften bis siebenten Reihe entdeckten, und zahlreiche gelegentliche Notizen in den Arbeiten der früher hier angezogenen Forscher stimmen damit überein. Ob das einfache endständige Glied, welches abspringt, Methan, Aethylen oder Acetylen ist, hängt von Bedingungen ab, die noch der Untersuchung bedürfen; anscheinend aber sind es stets die Kohlenwasserstoffe mit weniger als drei Kohlenstoffen, welche durch kurzdauernde Erhitzung von Dämpfen aliphatischer Kohlenwasserstoffe auf hohe Temperaturen entstehen. Hervorzuheben ist, dass die Bildung von Sprengstücken mit zwei Doppelbindungen anscheinend stets nur unerheblich ist. Das Crotonylen[2]) entsteht durch Absprengung von Methan aus Amylen nicht in erheblicher Menge. Dies geht aus der Vorschrift Pruniers (l. c.) hervor, der für seine Darstellung aus Gasolin empfiehlt, einen raschen Gasstrom durch ein merklich unter Rothglut erhitztes Rohr zu leiten und selbst unter diesen als die günstigsten erkannten Bedingungen 8 bis 10 l Gas, also »une dizaine de grammes« Substanz benöthigt, um die Bildung der Verbindung mit Hilfe ihres sehr charakteristischen und hier leicht fassbaren Tetrabromids zu erkennen. Die Angaben von Andrews und Norton (l. c.) lehren dasselbe.

Die Grundreaction der Wasserstoffverschiebung tritt deutlich hervor, wenn Hexandampf kurze Zeit etwa 2 Secunden lang auf 600 bis 800° erhitzt wird. Die Abspaltung von elementarem Wasserstoff ist dann ganz untergeordnet; die Addition von elementarem

---

[1]) Annal. Chem. Pharm. 165, pg. 1.

[2]) Vgl. über Crotonylenbildung auch L. M. Norton u. A. A. Noyes, Jahresber. für Chemie. 1886. 573. Amer. Chem. J. 8. 362.

Wasserstoff an Olefine ist es nicht minder, weil diese Wasserstoffaddition selbst bei demjenigen Kohlenwasserstoff, der am vollkommensten dazu befähigt ist, dem Acetylen, bei dieser Temperatur sehr langsam verläuft.[1]) Die ersten Zerfallsproducte sind unter den beschriebenen Bedingungen soweit stabil, dass sie erhalten und bestimmt werden können.

Von dem Trimethyläthylen gilt dasselbe, nur sind die Zerfallsproducte hier nur zum Theil beständig; abspringendes Methan wird als solches erhalten, der grössere Rest des Molecüls vereinigt sich aber sofort mit einem anderen Reste zu complexeren Molecülen.

Diese Zusammenlagerung der labilen, ungesättigten Reste bildet die andere Seite der Umwandlungen, welche Kohlenwasserstoffe bei kurz- dauernder Erhitzung auf hohe Temperatur erleiden. Sie macht das Wesen der pyrogenen Aufbaureactionen aus.

Dies ist der wahre Sinn der pyrogenen Aufbau- und Abbaureactionen: Kleine endständige Gruppen werden abgesprengt und bilden die gasför- migen Producte; die grösseren Reste vereinigen sich. Abbau und Aufbau begrenzen sich keineswegs, bilden nicht ein Gleichgewicht, wie dies Berthelot an- nahm; der Aufbau erzeugt nicht dieselben Producte, die der Abbau zerlegt, sondern verläuft in ganz abweichender Richtung.

Zwischen 900⁰ und 1000⁰ verwischen sich diese einfachen Verhältnisse. Die ersten Zerfallsproducte sind auch beim Hexan nicht mehr alle stabil. Secundäre Reactionen treten mehr hervor und verdunkeln die primären Vorgänge. Die durch Vereinigung der grösseren Molecülreste gebildeten Aufbauproducte gehen unter Absprengung weiterer, endständiger Gruppen in immer complexere, theerige Ge- bilde über. Wasserstoffabspaltung tritt in merklicher Weise auf, der Berthelot- Lewes'sche Specialfall — die Zersetzung der einfachsten Glieder der verschiedenen Reihen — beginnt sich neben dem Zerfall des Ausgangsmaterials zu verwirklichen. Eine einfache stöchiometrische Gesetzmässigkeit ist nicht mehr zu finden.

Das Ergebniss der Untersuchung, welche im Folgenden geschildert ist, beschränkt sich deshalb in diesem Falle, wie bei Berthelot, auf Beobachtungen über die End- producte. Es ergibt sich, dass die entbundenen Gase qualitativ die Zusammensetzung eines technischen Leuchtgases haben, also neben H, CH_4, C_2H_4, C_6H_6 nur Spuren anderer Kohlenwasserstoffe darin enthalten sind, während bei niederer Temperatur auch andere Gase vorhanden sind. Es gelingt auf Grund mathematischer Betrach- tungen und gasanalytischer Ergebnisse, nachzuweisen, dass ein Theil dieser den Zer- setzungsproducten bei niederer Temperatur angehörigen Gase bisher fälschlich für Methanhomologe angesehen worden ist, während er in Wirklichkeit einer wasserstoff- ärmeren Gruppe von Kohlenwasserstoffen, die in ihrem gasanalytischen Verhalten den Paraffinen sehr nahe steht, angehört. Es handelt sich möglicherweise um Glieder der Trimethylenreihe.

Bezüglich der Benzolbildung wird gezeigt, dass eine specifische Tendenz dazu beim Hexan, wie sie Armstrong und Miller vermutheten, nicht vorhanden ist; vielmehr folgt aus dem Umstande, dass Hexan und Trimethyläthylen die gleiche Ausbeute an Benzol ergeben, dass ausschliesslich der Aufbau aus einem einfachen Spaltstück, welches beiden Kohlenwasserstoffen gemeinsam ist — sehr

---

[1]) Diese Verhältnisse beim Acetylen bilden den Gegenstand der letzten im Abschnitt III beschriebenen Versuche.

wahrscheinlich also aus Acetylen —, die Benzolbildung veranlasst. Das Vermögen des Acetylens, bei dunkler Gluth leicht aromatische, schwer aliphatische Verbindungen zu bilden, stützt diese Schlüsse. Der Vergleich der Gewichte an gasförmigen Olefinen und an Benzol, welche bei den verschiedenen Zersetzungen entstehen, lehrt schliesslich, dass der Carburationswerth derjenigen Zersetzungsgase, die bei dunkler Rothgluth erzeugt wurden, sicherlich wesentlich den Olefinen zuzuschreiben ist.

Frankland[1]) und Knublauch[2]) finden für Aethylen zu Benzol ein Carburationswerthverhältniss bezogen auf gleiche Gewichte = 1:2. Bunte, dessen ausgedehnte unveröffentlichte Messungen über diesen Gegenstand ich Gelegenheit erhielt einzusehen, hat speciell für Carburation von Leuchtgas und Leuchtgasrest: Aethylen zu Benzol = 1: 2½ gefunden. Er beobachtete nämlich, dass für eine Hefnerlichtstunde erforderlich seien: Aethylen 1⅓ l = 1,5 g, Benzol 0,6 g. Macht man nun die wahrscheinliche Annahme, dass die höheren Olefine bezogen auf gleiche Gewichte einen Carburationswerth besitzen, der dem des Aethylens[3]) nahe steht, so folgt, dass beim Hexan und Trimethyläthylen, wenn diese bei dunkler Rothgluth 600—800° vergast werden, das gesammte Benzol gegenüber den gasförmigen Olefinen carburationstechnisch nur eine ganz untergeordnete Rolle spielt. Anders liegen die Verhältnisse, wenn die Zersetzungstemperatur höher gegriffen wird, zwischen 900 und 1000°. Dann ist der Betrag an Benzol gegenüber den gasförmigen Olefinen, die in diesem Fall übrigens nur aus Aethylen bestehen, erheblich, und der Carburationswerth, welcher der Benzolausbeute entspricht, ist ebenso gross, ja beim Trimethyläthylen grösser als der, welcher aus der Aethylenmenge sich herleitet. In der Praxis liegen die Verhältnisse für das Benzol etwas ungünstiger. Einerseits gelangt zwar die überwiegende Menge, aber nicht sämmtliches Benzol in das Gas, andererseits bleibt ein grösseres Olefingewicht gasförmig, da die Kühlung auf — 10° C., welche hier vorgenommen wurde, dort nicht stattfindet. Jedenfalls wird aber ein namhafter Bruchtheil vom Carburationswerth eines Oelgases, das bei hoher Temperatur aus Gasolin erzeugt wird, auf Rechnung des entstehenden Benzols zu setzen sein.

Durch einige Schlussversuche wird dargethan, dass die Beständigkeit des Benzols zwischen 900 und 1000° aufhört, so dass bei höheren Temperaturen die Bildung von Benzol aus Hexan und Trimethyläthylen naturgemäss wieder abnimmt.

Aus Hülfsuntersuchungen ergibt sich eine einfache Methode zur Bestimmung von Aethylen und Benzol im Leuchtgas.

Schliesslich sind elektrische Heizeinrichtungen und thermoelektrische Messungen beschrieben.

---

[1]) P. F. Frankland, Chem. Soc. J 45, 30 und 47, 235.

[2]) Knublauch, Ber d. Deutschen Chem. G. 1881, 240, J für Gasbeleucht. 1880, 253 und 274.

[3]) Diese Annahme wird gestützt durch die Beobachtungen W Foster's, Journal of Gas Lighting 1891, I, 1235. welcher für C_4H_8 nahezu das Doppelte des Leuchtwerthes ermittelt, welchen Frankland für das gleiche Volumen Aethylen fand

---

II. Ueber die Zersetzung des Hexans.

Bearbeitet in Gemeinschaft mit G. Samoylowicz.

Untersuchungsmethoden.

I. Flüssige Producte.

Bei der Zersetzung des Hexans war das Entstehen flüssiger und gasförmiger Producte zu erwarten. Unter den flüssigen, bzw. durch Abkühlung leicht condensirbaren waren drei Bestandtheile vorauszusehen

1. unverändertes Ausgangsmaterial bzw. niedere Paraffine,
2. flüssige Olefine,
3. Benzol.

Es bedurfte zunächst einer Methode, das Benzol und die Olefine in diesem Gemisch in einfacher Weise quantitativ zu bestimmen. Vorversuche lehrten, dass die Benzolmenge bei Zersetzung des Hexans bis zu 800⁰ in den flüssigen Producten eine procentual untergeordnete war.

Von den Olefinen wurde zunächst abgesehen und nach einem Verfahren gesucht, Benzol in kleinen Mengen neben Paraffinen zu bestimmen. Die von Limpricht[1]) beschriebene Methode der Zinnchlorürtitration von Nitrobenzol ist für diesen Zweck ungeeignet, weil bei Gegenwart von viel Paraffinen und wenig Nitrobenzol eine quantitative Reduction nicht leicht eintritt. Die Bestimmung des Benzols, wie sie bei Untersuchung technischer Rohbenzole ausgeführt wird, durch Nitriren, Verdampfen der unveränderten Paraffine, Destilliren und Wägen des Nitrobenzols, ist bei kleinen Mengen Benzol sehr ungenau. Ueberführung des abgeschiedenen Nitrobenzols in Dinitrobenzol nach Heusner[2]) macht das Verfahren nicht genauer. Anfangs erschien es möglich, Benzol successive und quantitativ in Nitrobenzol und Anilin zu verwandeln und das Anilin dadurch zu bestimmen, dass die Säuremenge gemessen wurde, welche nothwendig war, um das Anilin am Uebergehen mit Wasserdampf aus einer sehr stark verdünnten, wässerigen Lösung zu hindern. Diese Säuremenge ist sehr viel grösser, als die nach dem Aequivalentverhältniss zur Bildung des normalen Salzes erforderliche. Sie beträgt annähernd das 11 fache. Die Messung würde darum sehr viel genauer ausfallen, als jede directe Bestimmung des Anilins, falls es möglich wäre, mit Schärfe den Punkt aufzufinden, wo die ersten Antheile Anilin übergehen. Dies

---

[1]) Berichte der Deutschen chemischen Gesellschaft 11, 35 u. 40.
[2]) Ber. der Deutschen chemischen Gesellschaft 1892 a, 1672

ist aber nicht möglich. Die Chlorkalkreaction des Destillates setzt nicht scharf ein, sondern lässt eine Unsicherheit bestehen, welche bei der sonstigen Umständlichkeit des Verfahrens Anlass gab, von seiner Weiterverfolgung abzustehen.

Hingegen erwies sich die Volumvermehrung, welche concentrirte Salpeter-säure beim Lösen von Benzol erleidet, zur quantitativen Benzolbestimmung geeignet. Die genaue Messung dieser Volumvermehrung wird durch den Umstand wesentlich erleichtert, dass die aliphatischen Kohlenwasserstoffe mit concentrirter Salpetersäure keinen Meniscus bilden, sondern dem Auge eine völlig ebene Grenzschicht zeigen, deren Verschiebung sehr scharf beobachtet werden kann. Zur Bestimmung dienten Röse'sche Schüttelgefässe älterer Construction, welche aus einer Birne bestehen, die sich in ein getheiltes und oberhalb der Theilung wieder länglich ausgebauchtes Glasrohr fortsetzt, dessen obere Oeffnung durch einen eingeschliffenen Glastopfen verschlossen werden kann. Die Theilung geht von 20—45 ccm und zeigt $^1/_5$ ccm, zwischen welchen die Fünfzigstel gut geschätzt werden können (vgl. Fig. 1). In diese Gefässe wurde Salpetersäure — stets 20 bis 22 ccm — gebracht, auf 0° ab-gekühlt und mit gleichfalls nullgrädigem Gasolin überschichtet, welches durch intensive Behandlung mit rauchender Schwefelsäure, Sodalösung, Wasser und geschmolzenem Chlorcalcium von Olefinen und Feuchtigkeit be-freit war. Beide Flüssigkeiten wurden nunmehr Anfangs vorsichtig, später energisch 2 Minuten lang durchgeschüttelt und darauf in einen Eiscylinder 5 Minuten lang eingestellt. Darauf wurde die Stellung der oberen und unteren Gasolingrenzschicht gegen die Skala abgelesen und das Verfahren wiederholt, bis die untere Grenzschicht eine constante Stellung zeigte, was beim dritten Male stets der Fall war.

Nunmehr wurde mit der Pipette ein gemessenes Benzolvolumen hinzu-gefügt und die Ausschüttlung in derselben Weise wiederholt, wobei eine Temperatursteigerung in Folge der beim Lösen des Benzols statthabenden Wärmeentbindung durch sorgsame Eiskühlung vermieden wurde.

Es ergab sich, dass diejenigen Concentrationen der Salpetersäure, welche unter dem spec. Gew. von 1,48 lagen, bei dem beschriebenen Ver-fahren ihr Volumen nicht um das Benzolvolumen vermehrten, sondern nur relativ wenig zunahmen, während Säuren von höherem spec. Gew. als 1,51 um der Heftigkeit der eintretenden Reaction willen nicht verwendbar waren. Die dazwischen liegenden spec. Gew. von 1,490; 1,495; 1,500; 1,505 zeigten die Eigenheit, dass für jede ein bestimmtes Benzolvolumen existirte, dessen Aufnahme durch die Salpetersäure mit einer genau gleichen Volumzunahme verbunden war. Für Säuren zwischen 1,495 und 1,50 und für Benzolmengen zwischen 0,3 und 0,7 ccm sind die Unterschiede zwischen aufgenommenen Benzolvolumen und Volumvermeh-rung der Salpetersäure verschwindend.

In der Tabelle sind einige Beleganalysen angegeben. Unter I sind die an-gewandten unter II die gefundenen Benzolvolumina verstanden. Die Säuredichte wurde bei 15° mit der Spindel ermittelt. Die in derselben Rubrik neben einander gestellten Zahlen geben Resultate, welche bei derselben Operation durch successive Vermehrung der Benzolmenge erhalten wurden. Da sehr kleine Benzolmengen nicht genau genug abpipettirt werden können, wurden zuvor 2-, 5- und 7 volumen-procentige Gemische von sorgsam gereinigtem Gasolin und Benzol hergestellt, auf 0° gekühlt und von diesen die entsprechenden Mengen in das Schüttelgefäss gebracht.

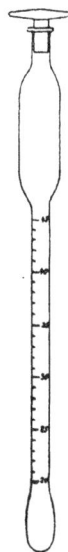

Fig. 1.

Salpetersäure	spec Gew. 1,51			spec. Gew. 1,50			spec Gew 1,495			spec. Gew 1,495		
Benzol-Volumen												
I	2,0	4,0	6,0	3,32	+1,14	+1,08	0,1	0,2	0,3	0,35	0,70	1,05
II	2,2	4,0	6,1	—	1,10	1,00	0,15	0,25	0,30	0,38	0,70	1,00
I	—	—	—	—	—	-	0,1	0,2	0,3	0,50	1,00	1,50
II	—	—	—	—	—	—	0,15	0,25	0,35	0,50	0,85	1,20
I	—	—	—	—	—	—	0,35	0,70	1,05	0,50	1,00	1,50
II	—	—	—	—	—	—	0,35	0,69	0,95	0,50	0,86	1,25

Für die späteren Versuche wurde stets die bei kleinen Benzolmengen ausreichende Concentration der Salpetersäure von 1,495 verwendet.

Für Gemenge aus Benzol, Olefinen und Paraffinen erwies sich die Entfernung der Olefine durch eine besondere Reaction als erforderlich, da das Volumen der Salpetersäure beim Ausschütteln olefinhaltiger Paraffine erheblich wuchs, und die Bromadditionsproducte der Olefine angegriffen wurden. Es wurde deshalb in einem getheilten Schüttelcylinder mit 2/3 gesättigtem Bromwasser bromirt, bis die Entfärbung nur noch langsam bei Lichtabschluss erfolgte. Dabei wurde durch sorgsame Kühlung eine Erwärmung vermieden. Ein kleiner Bromüberschuss wurde mit Jodkalium und Thiosulfat zurückgemessen. Nach erfolgter Bromirung wurde von dem abgesetzten Gemisch von Kohlenwasserstoffen und Bromiden ein gemessener Theil, der möglichst gross gewählt wurde, abgehoben und der Destillation bis 110° unterworfen; beim höher Erhitzen tritt starke Bromwasserstoffabspaltung ein. Das Destillat wurde in einem getheilten Cylinder aufgefangen, der Kühler mit einem gemessenen Volumen olefinfreien Gasolins ausgespült, und von dem durch die Spülflüssigkeit vermehrten Kohlenwasserstoffgemisch ein aliquoter Theil nach der Ausschüttelmethode untersucht. Die Ergebnisse waren nicht scharf, aber ausreichend. Gemische von Amylen, reinem Benzol und Gasolin ergaben statt berechneter 100 Theile Benzol 92,4, 94,2, 101,5, 108,7 Teile. Angewandt auf Gemenge, deren Benzolgehalt nur bis 4% ausmacht, entspricht dies einer Genauigkeit bis auf 0,33%, die für die beabsichtigten Schlussfolgerungen genügt.

Einige Versuche wurden in der Weise abgeändert, dass das bromirte Gemisch zunächst mit etwas Natronkalk und viel Chlorcalcium getrocknet wurde. Die Genauigkeit wuchs dadurch indessen nicht. Statt berechneter 100 Theile Benzol wurden bei zwei Versuchen 92,8 und 93% gefunden.

Schliesslich wurde auch das Verhalten des Toluols unter den Versuchsbedingungen geprüft. Dabei ergab sich, dass für sehr kleine Toluolmengen (0,1 ccm) die Volumzunahme der Salpetersäure vom spec. Gew. 1,495 dem Toluolvolumen entsprach; für etwas grössere Toluolmengen aber war die Volumzunahme der Salpetersäure zu klein. 1/2 ccm Toluol veranlasst eine Volumvermehrung der Salpetersäure um 5/6 seines Volumens. Ersichtlich erwächst aus der Gegenwart von etwas Toluol im Benzol kein merklicher Fehler; da nämlich die specifischen Gewichte von Benzol und Toluol — 0,899 und 0,882 — nur sehr wenig differiren, so überschreitet der Fehler der gewichtsanalytischen Ausrechnung des Ausschüttelversuches auf Benzol nicht den der maassanalytischen Bestimmung, der ungünstigen Falls 1/6 betragen kann Dieser ungünstige Fall ist aber bei den später untersuchten Zersetzungsproducten niemals nur entfernt verwirklicht, da, wenn überhaupt, nur ganz untergeordnete Mengen von Toluol neben Benzol bei pyrogener Zersetzung der studirten Kohlenwasserstoffe entstehen.

Die Menge der Olefine wurde aus der Menge des verbrauchten Broms bei der Bromirung abgeleitet. Die Gemische, auf welche die Methode angewandt wurde, waren wesentlich Gemenge von Amylen und Hexan mit etwas Benzol. Für je 2,29 g Brom wurde deshalb 1 g Amylen entsprechend der stöchiometrischen Gleichung

$$C_5 H_{10} + Br_2 = C_5 H_{10} Br_2$$

angenommen. Die Ergebnisse dieser Bestimmung sind möglicherweise etwas zu niedrig, indem nicht alles Amylen bromirt wurde. Dieser Möglichkeit ist bei allen Schlussfolgerungen Rechnung getragen.

II. Benzoldampf.

Die Bestimmung des Benzols in den flüssigen Abscheidungen war zur Ermittlung der Menge des gebildeten Benzols nicht ausreichend. Insbesondere wenn die Benzolmenge klein, und ihr Partialdruck im Zersetzungsgas also ein geringer war, dann war der Betrag, welcher im Gase mit fortgeführt wurde und der Verdichtung in der auf — 10⁰ gekühlten Vorlage sich entzog, verhältnissmässig erheblich, und es war nothwendig, ihn besonders zu bestimmen. Ein volumetrischer Weg für die Bestimmung sehr kleiner Mengen Benzoldampf in einem Gemisch so verschiedenartiger Kohlenwasserstoffe, wie sie in diesen Zersetzungsgasen vorliegen, ist nicht bekannt. Das Benzol musste deshalb dem Gase durch eine Operation entzogen werden, welche gestattete, seinen Betrag in anderer Weise zu ermitteln. Dafür bot sich ein Weg in der von Berthelot gemachten Beobachtung, dass Benzoldampf durch fette Oele mit grosser Leichtigkeit aufgenommen wird. Dieser Weg ist bereits von H. Bunte vor längerer Zeit weiter verfolgt worden. Bunte zeigte, dass Benzoldampf beim Durchgang durch auf 0⁰ abgekühltes Paraffinöl bis auf verschwindende Spuren zurückgehalten wird. Deshalb wurde hinter der gekühlten Theervorlage bei den im Folgenden beschriebenen Versuchen stets eine Winkler'sche Absorptionsschlange mit Paraffinöl in den Gasstrom eingeschaltet, deren Gewichtzunahme bestimmt wurde. Das Paraffinöl war zuvor von allen niedrig siedenden Antheilen durch Erhitzen auf 250⁰ befreit. Die absorbirten Antheile wurden von einem möglichst erheblichen, aliquoten Theil des Paraffinöls bis 120⁰ abgetrieben und mit Salpetersäure ausgeschüttelt. Ihre Menge reichte zur Bromirung vor der Ausschüttelung nicht aus; da auch die Olefine das Volumen der Salpetersäure vergrössern, fiel diese Benzolbestimmung zu gross aus und lieferte einen oberen Grenzwerth. Da die Anwesenheit von Benzol andrerseits stets qualitativ nachgewiesen werden konnte, lieferte die Vernachlässigung des im Paraffinöl absorbirten Benzols und die alleinige Berücksichtigung des Benzolgehaltes der flüssigen Destillate den unteren Grenzwerth.

III. Gase.

Die Analyse der entbundenen Gase geschah stets mittels der Bunte'schen Bürette in der Weise, welche für die Untersuchung des Leuchtgases üblich ist. Die Olefine wurden dabei mit Brom in wässeriger Lösung absorbirt. In dem Gasrest wurde der Wasserstoff durch fractionirte Verbrennung ermittelt, während die Kohlenwasserstoffe aus der Explosion in der leer gesogenen Bürette abgeleitet wurden. Bei dieser Operation erhält man drei Werthe; den einen für die Contraction, den zweiten für die Contraction zuzüglich der Kohlensäurebildung, den dritten für den Sauerstoff-

verbrauch. Von diesen drei Werthen, welche beim Arbeiten über Quecksilber gleichmässig zuverlässig sind, fällt beim Arbeiten über Wasser der erste weniger genau
aus, als die beiden andern. Es wurde deshalb für die Berechnung in folgender
Weise verfahren. Von der Contraction + Kohlensäure, die als Gesammtcontraction
bezeichnet werden möge, wurde derjenige Betrag gekürzt, welcher nach dem Ergebniss
der fractionirten Verbrennung sich für die Verbrennung des in dem untersuchten
Gasrestquantum mit enthaltenen Wasserstoffs berechnete. Ebenso wurde der Sauerstoffverbrauch um den Betrag vermindert, welcher für die Verbrennung des Wasserstoffs aufgewendet war. Die beiden so erhaltenen Werthe für Gesammtcontraction
und Sauerstoffverbrauch ergaben durch Subtraction die Menge des verbrannten
Kohlenwasserstoffs, und damit weiterhin den Sauerstoffverbrauch für 1 ccm dieses
Kohlenwasserstoffgemisches.

Bekanntlich erfordern zu ihrer Verbrennung

1 ccm CH_4	2 ccm Sauerstoff,		
1 » C_2H_6	3,5 »	»	,
1 » C_3H_8	5 »	»	u. s. w.

Der Sauerstoffverbrauch pro 1 ccm gibt also ein Bild von der mittleren Moleculargrösse des untersuchten Kohlenwasserstoffgemisches.

Die mittlere Moleculargrösse der Olefine wurde aus dem specifischen Gewicht
des Gases abgeleitet, welches mittels des Bunsen-Schilling'schen Apparates ermittelt wurde. Dieser Apparat gibt Werthe für das specifische Gewicht feuchten Gases
gegen feuchte Luft. Der Quotient aus den Quadraten der gemessenen Ausströmungs-
geschwindigkeiten bedarf deshalb zur Bestimmung des Gewichtes für trockenes Gas
einer Correctur. Slaby[1]), welcher den Apparat und seine Benutzung eingehend
schildert, setzt die erforderliche Umrechnung auseinander, begeht aber dabei einen
kleinen Fehler, indem er die Rechnung für zwei Gase statt für ein Gas und einen
gesättigten Dampf durchführt. Nach Slaby ist nämlich das Litergewicht der
feuchten Luft gleich dem Litergewicht der trockenen Luft bei ihrem Partialdrucke
plus dem Litergewicht des Wasserdampfes bei dem seinigen.

$$\gamma \,(p_1 + p_2) = \gamma_1 \,(p_1) + \gamma_2 \,(p_2),$$

worin γ, γ_1, γ_2 die Litergewichte von feuchter, trockener Luft und Wasserdampf
unter irgend welcher Temperatur, p_1 und p_2 die Partialdrucke von trockener Luft
und Wasserdampf darstellen. Daraus leitet er das Litergewicht der feuchten Luft
bei einem andern Drucke p_0 zu

$$\gamma_3 \,(p_0) = \frac{p_0}{p_1 + p_2} \,(\gamma_1 + \gamma_2)$$

her, während es lauten sollte

$$\gamma_3 \,(p_0) = \frac{p_0}{p_1 + p_2} \,\gamma_1 + \gamma_2,$$

da der Werth für γ_2 bei einem gesättigten Dampf vom Gesammtdrucke völlig
unabhängig und ausschliesslich von der Temperatur bedingt ist. Der Fehler der
Slaby'schen Rechnung ist seinem ziffernmässigen Betrage nach übrigens recht geringfügig. Für die Ausführung der Rechnung ist zu berücksichtigen, dass der Druck,
unter welchem sich die beiden Gase bei der Messung befinden, gleich dem atmosphärischen Druck plus dem Drucke der Wassersäule ist, welche auf dem Gase
während seines Ausströmens lastet. Dieser Wasserdruck ändert sich beständig, da

[1]) Calorimetrische Untersuchungen über die Gaskraftmaschine. Verhandlungen des
Vereins zur Beförderung des Gewerbefleisses in Preussen, 1890, S. 33.

das Wasser im äusseren Reservoir fällt, im inneren Cylinder steigt. Es genügt indessen für den mittleren Druck, statt ihn durch höhere Rechnung abzuleiten, das Mittel aus den Drucken zu setzen, welche den Niveaudifferenzen des äusseren und inneren Wasserstandes an der Anfangs- und Schlussmarke entsprechen, da kleine Druckabweichungen das Resultat in den Grenzen der Versuchsfehler nicht beeinflussen. Jener mittlere Druck betrug bei dem benutzten Schilling'schen Apparat und der Art der Wasserfüllung, die angewandt wurde, 13 mm Hg. Die Berechnung geschah in der Weise, wie sie im folgenden Beispiel ausgeführt ist.

Ausströmungsgeschwindigkeit für Luft . . . 100,60''

» » Gas . . . 88,4''

Atmosphärischer Druck 755 mm, Temperatur 13,05° C., folglich specifisches Gewicht des feuchten Gases gegen feuchte Luft bei den Versuchsbedingungen $\frac{88,4^2}{100,6^2} = 0,77216$.

Das Gas steht im Schilling'schen Apparat unter dem Druck von 755 mm + 13 mm (Wasserdruck). Das Litergewicht L der feuchten Luft unter 768 mm bei bei 13,05° ist gleich:

L feuchte Luft = Litergewicht trockene Luft bei 13,05° und 768 mm — [Wasserdampftension für 13,05° =] 11,175 mm = 757,825 mm;

+ Litergewicht v. Wasserdampf bei 13,05° und 11,175 mm;

$$= 1,293909 \cdot \frac{757,825 \cdot 273}{760 \quad 286,05} + 0,80458 \frac{11,175 \cdot 273}{760 \quad 286,05};$$

$$= 1,231345 + 0,011291;$$

$$= 1,242636.$$

Demzufolge ist das Litergewicht des feuchten Versuchsgases

$$= 0,77216 \cdot 1,242636,$$

$$= 0,959517,$$

folglich das Litergewicht des trockenen Versuchsgases

$$= 0,959517 - 0,011291 = 0,948226$$

und das specifische Gewicht des trockenen Versuchsgases gegen trockene Luft = 1.

$$= \frac{0,948226}{1,231345} = 0,77(007).$$

Die Zusammensetzung dieses Gases war die folgende:

CO_2	=	0,0	°/o =	0,0	g
$C_n H_m$	=	29,6	» =	?	
O	=	1,5	» =	2,15	»
CO	=	1,6	» =	2,01	»
H	=	13,54	» =	1,21	»
$C_n H_{2n} + 2$	=	46,01	» =	43,19	»
N	=	7,75	» =	9,72	»

58,28 g.

Daraus berechnen sich für ein Volumen von 100 l trocken bei 0° und 760 mm die neben die Procentzahlen gesetzten Gewichte in Grammen; zieht man von dem Volumen die Olefine ab, so bleiben 70,4 l = 58,28 g. Es wiegen aber nach der Bestimmung des spec. Gewichts 100 l des Gases bei 0° und 760 mm = 0,77 · 1,293909 g = 99,64 g, sonach 29,6 l $C_n H_m$ = 99,64 — 58,28 = 41,36 g, folglich 1 l $C_n H_m$ = 1,3973 g und folglich ist das gesuchte Moleculargewicht 1,3973 $\frac{2}{0,089582}$ = 31,2.

In der Aufstellung der Gewichte für die analytisch gefundenen Volumina ist der Werth für die Paraffine abgeleitet aus dem Sauerstoffverbrauch für 1 ccm = 2,534 ccm O. Für ein gegebenes Volumen und einen gegebenen Sauerstoffverbrauch pro Volumeneinheit lassen sich nämlich zwar sehr verschiedene Grenzkohlenwasserstoffgemische aufstellen, die Gewichte dieser verschiedenen Gemische sind aber gleich. Für den vorliegenden Fall z. B. kann, um zwei möglichst abweichende Gemische zu wählen, eine Mischung vorliegen von [1])

$$\text{I.} \qquad \left.\begin{array}{l} \text{29,63 Vol. Methan} \\ \text{16,38 Vol. Aethan} \end{array}\right\} 46,01$$

oder von

$$\text{II.} \qquad \left.\begin{array}{l} \text{42,734 Vol. Methan} \\ \text{3,276 Vol. Hexan} \end{array}\right\} 46,01.$$

Das Gewicht beträgt im ersten Falle

$$\left.\begin{array}{l} \text{29,63 l Methan} = \text{21,20 g} \\ \text{16,38 l Aethan} = \text{21,97 g} \end{array}\right\} = \text{43,17 g,}$$

im zweiten Falle

$$\left.\begin{array}{l} \text{42,734 l Methan} = \text{30,576 g} \\ \text{3,276 l Hexan} = \text{12,619 g} \end{array}\right\} = \text{43,195 g.}$$

Ausser der volumetrischen Gasanalyse und der Bestimmung des specifischen Gewichtes wurde eine gravimetrische Acetylenbestimmung mit den Versuchsgasen ausgeführt, indem mehrere Liter des Gases durch ammoniakalische Silberlösung geleitet und das entstehende Acetylensilber in Chlorsilber übergeführt und bestimmt wurde. Das durchgeleitete Gasquantum wurde hinter den Absorptionsgefässen für Acetylen mit der Gasuhr gemessen.

Versuchseinrichtung.

Ein besonderer Nachdruck wurde auf die Erzeugung bestimmter Temperaturen, deren Constanz und die gleichmässige Erwärmung des Gasstromes auf diese Temperatur gelegt. Wenn ein Gasstrom von erheblicher Mächtigkeit rasch durch hoch erhitzte gerade Rohre geleitet wird, so ist es durchaus unwahrscheinlich, dass die Wandtemperatur von dem Gase gleichmässig angenommen wird. Diejenigen Theile, welche unmittelbar mit der Wand in Berührung kommen, werden der Temperatur derselben näher kommen, als der Kern des Gasstromes, und die eintretende Zersetzung wird weder einer einheitlichen Temperatur, noch insbesondere der der Wandung entsprechen.[2]) Dagegen ist es wahrscheinlich, dass, je enger und gekrümmter der Gascanal ist, um so mehr Wand- und Gastemperatur sich nähern werden. Es wurden deshalb als

---

[1]) Die Berechnung geschieht für I. nach den Formeln

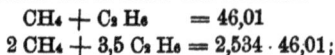

$$CH_4 + C_2H_6 = 46,01$$
$$2\,CH_4 + 3,5\,C_2H_6 = 2,534 \cdot 46,01;$$

für II nach den Formeln

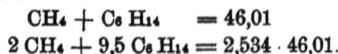

$$CH_4 + C_6H_{14} = 46,01$$
$$2\,CH_4 + 9,5\,C_6H_{14} = 2,534 \cdot 46,01.$$

[2]) So viel ich sehen kann, ist es ein Verkennen dieser Thatsache, was Young (Journ. of Gas Lighting 1893 II. p. 260) zur Aufstellung einer Theorie veranlasst, wonach die Erhitzung durch Strahlung und die durch Contact mit heissen Wänden verschieden wirken soll.

Erhitzungsgefässe

Schlangen aus schwer schmelzbarem Glase benutzt, welche bei einem inneren Rohr-durchmesser von 3,125 mm einen Windungsdurchmesser von 4 cm, eine Ganghöhe von 1 cm und 4 1/2 Gewindgänge besassen. Der Heizraum erreichte auf diese Weise eine Länge von 63 1/2 cm bei einem Inhalt von rund 4,9 ccm[1]) und einer Wand-fläche von 62,26 qcm. Die Erhitzung dieser Schlangen konnte für die Tempe-raturen von 448⁰, 518⁰ und 606,⁰ bequem dadurch vorgenommen werden, dass sie in siedenden Schwefel, Schwefelphosphor und Zinnchlorür eingetaucht wurden. Die Siedepunkte dieser Substanzen sind bekanntlich durch Victor Meyer's[2]) schöne Untersuchung sichergestellt. Für höhere Temperaturen machten sich Schwierig-keiten geltend. Beim Siedepunkte des Chlorzinks befriedigte die Widerstandsfähigkeit des Glases gegen mechanische Deformation bei dem gelegent-lichen Auftreten unvermeidlicher Zugschwankungen nicht mehr, im siedenden Zink waren sie überhaupt nicht mehr anwend-bar.[3]) Für die Benutzung des Zinks als Siedeflüssigkeit wurden deshalb Messingschlangen versuchsweise benutzt, welche in einem dem Victor Meyer'schen nachgebildeten Luftbade mit Zink als Siedeflüssigkeit erhitzt wurden, indem zwei aus Stahl gestanzte Tiegel so ineinander gehängt wurden, dass zwischen der Aussenwand des inneren und der Innenwand des äusseren und zwischen den Böden beider Tiegel (vgl. Fig. 2) ein Zwischenraum blieb, welcher mit dem siedenden Zink gefüllt war. Die Heizschlange wurde in den inneren Tiegel freischwebend eingehängt, die Oeffnung des inneren Tiegels durch einen Porcellandeckel verschlossen, in dessen Mitte ein Loch zur Aufnahme der Gas zu- und Gas ab-führenden Röhre geschlagen war, über beide Röhren ein Porcellanrohr gezogen und das Porcellanrohr mit dem Deckel, der Deckel mit dem Innentiegel durch eine Lutirung dicht

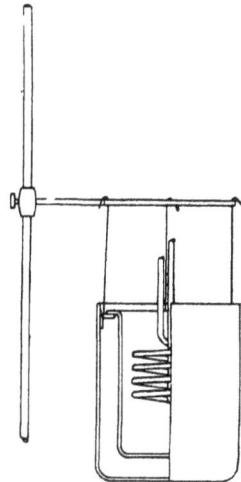

Fig 2.

verbunden. Indessen corrodirte das siedende Zink die Stahlwand des Innentiegels sehr rasch, drang in den Innentiegel ein und zerstörte die Schlange. Von der Benutzung des Zinks als Siedeflüssigkeit wurde deshalb abgesehen, die beschriebene Anordnung aber, welche sich sehr brauchbar erwies, wurde für siedendes Chlorzink und gelegentlich auch für siedendes Zinnchlorür benutzt. Der gasdichte Abschluss der oberen Oeffnung konnte in diesen Fällen unterbleiben, da die Dämpfe der Siede-flüssigkeit die gläserne Heizschlange nicht tangirten und durch eine sorgsame Asbestpackung ersetzt werden, welche die Wärmeabgabe verhinderte. Die Erhitzung geschah entweder mittelst einer kleinen Muffel, in welche das Stahltiegelpaar so eingesetzt war, dass die Flammengase nur die Wand des äusseren Tiegels be-spülten, oder mit einem Fünfzehnbrenner, um welchen aus Asbest und Chamotte ein

---

[1]) Durch Auswägen mit Hg ermittelt.

[2]) Zeitschrift für anorganische Chemie II, 1 bis 6; F Freyer & V. Meyer und Berichte 1892 S. 622.

[3]) Die Berliner Porzellanmanufactur fertigt innen und aussen glasirte Porzellanrohre von 2 mm lichter Weite und 1 mm Wandstärke, welche in der Leuchtgassauerstoffflamme in der bequemsten Weise gebogen werden können. Leider kam ich für diese Versuche zu spät in den Besitz solcher Rohre.

kleiner Ofen herumgebaut wurde (Fig 3). Für die höchsten studirten Temperaturen war eine Schlange nicht mehr anwendbar, da enge Gascanäle durch Kohleabscheidung sich sofort verstopften. Die in diesem Falle benutzte Anordnung (Fig. 4) ist bei den betreffenden Versuchen (S. 38), geschildert. Für Vorversuche und später, als die Versuche mit siedenden Bädern lehrten, dass zwischen 600^0 und 800^0 dieselbe Zersetzung statthatte, wurden auch Luftbäder ohne Siedeflüssigkeit benutzt. Dieselben bestanden in Eisentiegeln, an welche eine sich nach oben konisch verjüngende Verlängerung angefalzt war. Die Heizschlange schwebte frei im untersten Theil des Erhitzungsgefässes, dicht eingehüllt in Asbestpapier. In dem Körbchen, welches die untere Hälfte dieser Asbesteinstackung, um die Schlange bildete, lagen Prinsep'sche Legirungen — Legirungen aus Silber, Kupfer, Gold, Platin, deren Schmelzpunkte in Intervallen von 30 zu 30 liegen[1]) —, aus deren Schmelzung nach beendetem Versuche die maximale Temperatur erkannt werden konnte, während ein gleichmässiger Gaszufluss und eine unverändert bleibende Stellung des Brenners eine Gewähr gegen grössere Schwankungen der Temperatur abgaben. Diese Anordnung bewährte sich besser als die Einbettung der Heizschlange in eine feste Masse (Eisenfeile), weil eine mechanische Deformation der Schlange durch Formänderung des Einbettungsmaterials ausgeschlossen blieb. Die

Vergasung

des Hexans und Zufuhr des Hexandampfes zu der Zersetzungsschlange geschah so, dass in einen in einem Wasserbade auf 100^0 erhitzten Destillirkolben langsam flüssiges Hexan eingelassen, verdampft und durch das Abgangsrohr des Fractionskolbens in die Zersetzungsschlange geführt wurde. Hinter der Zersetzungsschlange war ein Eiskühler und an diesen anschliefsend der

Theersammler

in Gestalt eines Fractionskolbens angeordnet, in welchen das Gaszufuhrrohr bis zur Mitte des kugelförmigen Reservoirs hinabreichte, während der Gasabgang durch das seitliche Ansatzrohr stattfand. Daran schloss sich eine Winkler'sche Schlange mit Paraffinöl (paraffinum liquidum der Pharmakopoë), welches zuvor durch längeres Erhitzen auf 250^0 C. von allen niedrig siedenden Verunreinigungen befreit war und daran eine leere Winkler'sche Schlange, bestimmt, bei raschem Blasengange etwa mitgerissene kleine Mengen Paraffinöl aufzunehmen. Der Theerfänger stand in Kochsalz und Eis, der Eiskühler war mit derselben Kältemischung beschickt, die Paraffinschlangen standen in Gefäfsen mit Eis. An die leere Winkler'sche Schlange schloss sich der

Gasbehälter,

bestehend in einem Glasballon von ca. 69 l Inhalt, dessen vierfach durchbohrter Stopfen zum Einsetzen eines Thermometers, eines Gaszuführungs- eines Wasserabführungs- und eines Manometerrohrs Gelegenheit bot. Der Wasserablauf wurde regulirt, indem die fallende Wassersäule des Ablaufhebers verkürzt oder verlängert wurde, und die Geschwindigkeit des Gasstromes controllirt, indem die in der Minute ablaufende Wassermenge in kurzen Zwischenräumen gemessen wurde. Alle Apparate schlossen Glas an Glas. Alle Theile der Apparatur wurden vor und nach dem Versuch gewogen. Zur Ermittlung des Gasgewichtes wurden Druck und Temperatur bestimmt.

---

[1]) Muspratt, theoretische, practische und analystische Chemie Bd. IV. Heizstoffe S. 227

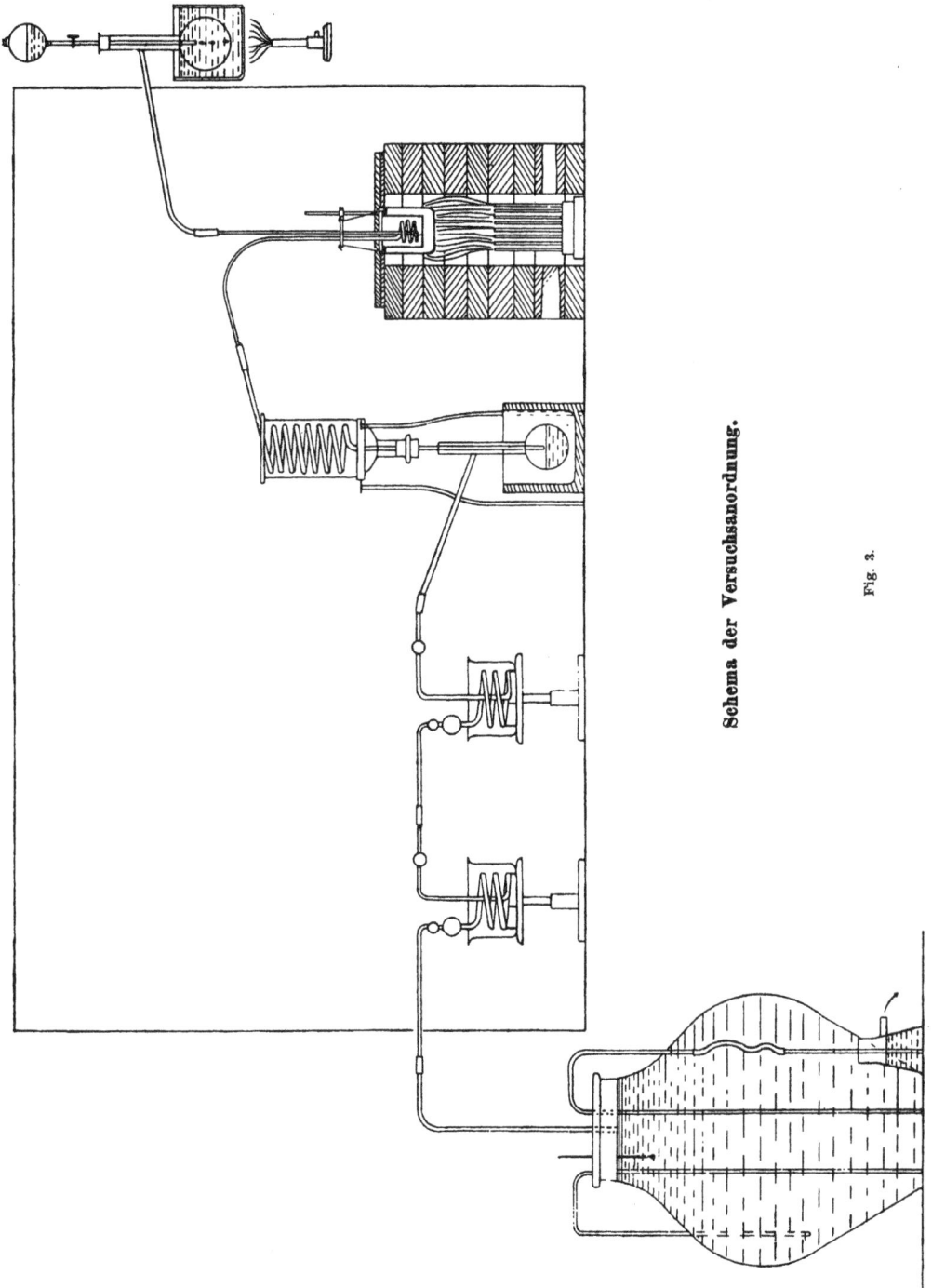

Schema der Versuchsanordnung.

Fig. 3.

Experimentelle Ergebnisse.

Darstellung des Hexans.

Das Hexan wurde aus einem Rohgasolin der Firma H. Korff in Bremen, welches zuvor durch Behandlung mit rauchender Schwefelsäure, Sodalösung und Chlorcalcium gereinigt und getrocknet war, durch wiederholtes Fractioniren mit einem Le Bel-Henninger'schen Fünfkugelaufsatz zuerst in den Siedegrenzen von 53—73⁰ (1 mal), sodann zwischen 58⁰ und 68⁰ (2 mal), schliesslich 63⁰ bis 68⁰ (2 mal) isolirt.

Vorversuche bei 448⁰ und 518⁰ im Dampf des siedenden Schwefels und siedenden Schwefelphosphors.

93,45 g Hexan wurden langsam vergast, und der Dampf durch die im siedenden Schwefel bezw. im Schwefeldampf hängende Schlange geführt. In der Theervorlage fand sich fast die gesammte Menge = 91,60 g als farbloses Destillat wieder.[1] Der Siedepunkt desselben war derjenige des unveränderten Hexans. Benzol liess sich nicht nachweisen. Im Gasometer fand sich $1/4$ l Gas, welches fast ausschliesslich aus Luft bestand. Dasselbe Ergebniss zeigte ein unter Benutzung von Schwefelphosphor als Siedeflüssigkeit unternommener Versuch.

Eine merkliche Zersetzung des Hexans findet also bei kurzdauerndem Erhitzen auf 518⁰ nicht statt.

Versuche bei 606⁰ bis 800⁰.

Ein Vorversuch wurde bei 606⁰ in siedendem Zinnchlorür in der Weise unternommen, dass hinter die Zersetzungsschlange der Theersammler geschaltet wurde, die uncondensirten Gase aber entwichen. Es verrieth sich beim Einleiten von Hexandampf die eintretende Zersetzung alsbald durch die Bildung dichter, weisser Nebel, die sich im Theersammler zu einem leichtflüssigen, gelb gefärbten Condensat verdichteten, welches, nach der Ausschüttelmethode untersucht, 2 Volumprocente Benzol enthielt. Ein Destillations-Versuch, welcher mit dem Condensat unternommen wurde, hatte folgendes Ergebniss:

Angewandt 45 ccm. Beginn des Siedens 42⁰.

Es gingen über bis	50⁰	55⁰	60⁰	65⁰	67⁰
ccm	2	20	33	41	43.

Rest und Verlust durch unvollkommene Condensation der niedrig siedenden Antheile bezw. durch Haftenbleiben im Kühler = 2 ccm.

Darauf wurde ein Hauptversuch in siedendem Zinnchlorür unternommen, welcher 6 ½ Stunden dauerte und folgendes Ergebniss lieferte:

Angewandt Hexan 82,95 g.

Gewichtszunahme der Theervorlage	· · · · · ·	30,40 g
» des Paraffinöls	· · · · · ·	6,87 »
Gasgewicht	· · · · · · ·	.44,03 »
		81,30 g.

In der Schlange war eine sehr kleine Menge Kohle als spiegelnder Belag an der Wandung abgeschieden. Differenz . . . . 1,65 »

---

[1] Der Eintritt einer Zersetzung des Hexans bei andauerndem Erhitzen auf 448⁰ ist im Hinblick auf die Versuche von Day [American Chemical Journal vol. 8 p. 153, Jahresbericht für Chemie 1886, 574] nicht auszuschliessen.

Das Hexan wurde in Mengen à 20 ccm in den Tropftrichter des Vergasungs-
apparats eingebracht. Jeweils nach annähernd 50 Minuten war dieses Quantum vergast
= 0,4 ccm pro Minute, während sich aus der regelmässig gemessenen Ablaufgeschwindigkeit des Wassers aus dem Gasometer eine Bildung permanenter Gase von
100 bis 110 ccm pro Minute berechnete. Aus der vergasten Hexanmenge = 0,4 ccm
pro Minute, dem spec. Gewicht des Hexans zu 0,663, dem Litergewicht des Hexan-
dampfs = 3,852 g bei 0° und 760 mm berechnet sich das pro Secunde in die
Zersetzungsschlange eintretende mittlere Hexandampfvolumen zu 1,14 ccm bei 0° und
760 mm bezw. zu 3,64 ccm bei 606° und 753,6 mm (dem atmosphärischen Druck am
Versuchstage); ähnlich leitet sich aus der Menge des in der Zeiteinheit aufgefangenen Gases ein Betrag von 3,86 ccm pro Secunde bei 606° her, zu welchem die
Gasmenge hinzuzurechnen ist, welche den im Theer und Paraffinöl condensirten
Dämpfen entspricht, so dass der Gesammtbetrag des pro Secunde aus der Schlange
austretenden Zersetzungsgases mit etwas über 5 ccm bewerthet werden kann. Bei
einem Volumen des Heizraumes von 4,9 ccm entspricht dies einer Einwirkungsdauer der
hohen Temperatur von ca. 1 Secunde auf jedes Hexantheilchen. Die gesammte
Gasausbeute betrug auf 0° und 760 mm reducirt 35,188 l. Das specifische Gewicht
wurde feucht gegen feuchte Luft zu 0,967 ermittelt, woraus das Gewicht des Gesammtgases mit dem in der Aufstellung angeführten Werthe von 44,03 g sich ergibt. Die
Correction für trockenes Gas konnte hier unterbleiben, da ihr Betrag bei dem geringen
Gewichtsunterschied von Luft und Gas ungemein klein ist. Die Zusammensetzung des Gases war die folgende:

$C_n H_m$	48,30 %		berechnet für	50,1	%
$C_n H_{2n+2}$	35,90 $\Big\}$ 41,2	%	luftfreies Gas	37,20 $\Big\}$ 42,74	»
H	10,20 %			10,60	»
Luft	3,60 »				
N	1,55 »			1,64	»
CO_2	0,45 »			0,46[1]	»

Der mittlere Sauerstoffverbrauch pro 1 ccm Paraffine betrug 2,45 ccm. Daraus
berechnet sich die Zusammensetzung für die Grenzfälle $CH_4 + C_2 H_6$ und $CH_4 +$
$C_6 H_{14}$ zu:

$$\text{I.} \left\{ \begin{array}{ll} CH_4 & 25,16 \\ C_2 H_6 & 10,74 \end{array} \right\} = 35,9$$

$$\text{II.} \left\{ \begin{array}{ll} CH_4 & 33,75 \\ C_6 H_{14} & 2,15 \end{array} \right\} = 35,9$$

Die Beträge für CO_2, CO (welches in diesem Gas nur spurenweise auftrat) und
Stickstoff sind auf die Verbrennung der ersten Antheile des Hexandampfes durch
die in den Apparaten vor Beginn des Versuches enthaltene Luft zurückzuführen.

Die im Gase enthaltenen 3,60 % Luft entsprechen zum grössten Theile der in den
Apparaten zwischen Heizschlange und Gasbehälter vorhandenen Luft. Wenn sie von
dem Gasgewichte nicht gekürzt wurden, so geschah dies darum, weil das bei

---

[1] Die den Paraffinen in Klammern beigefügte Zahl ist derjenige Werth, welcher sich
durch Theilung des für die Gesammtcontraction abzüglich des Bruchtheils für Wasserstoff
und den zu dessen Verbrennung verbrauchten Sauerstoff ermittelten Betrages durch 3 ergibt.
Er würde also mit dem Werthe für $C_n H_{2n+2}$, welcher sich in der früher besprochenen
Weise ergibt, übereinstimmen, wenn nur CH_4 vorläge.

Beendigung des Versuches in der Apparatur vorhandene Gas dafür .hätte wieder hinzugerechnet werden müssen, und das Resultat sich folglich in Bezug auf das Gewicht des Gesammtgases nicht erheblich geändert hätte.

Aus den Versuchsdaten berechnet sich in früher besprochener Weise das mittlere Moleculargewicht der Olefine zu 39,0. Die Acetylenbestimmung ergab 0,128 g Cl Ag aus 19 l Gas entsprechend 0,0116 g $C_2 H_2$ = 0,014 Gewichtsprocent vom Ausgangsmaterial bezw. 0,053 % (Volumprocent) des Gases. Die Untersuchung des Theers, welcher ein leichtflüssiges gelbes Liquidum vom spec. Gewicht 0,685 darstellte und bei einem Gesammtgewicht von 30,4 g demnach 44,35 ccm ausmachte, führte zu folgenden Resultaten: Der Theer nahm pro 1 g 0,448 g Brom beim Bromiren mit Bromwasser leicht auf. Die Ausschüttelmethode zeigte 2,53 ccm Benzol.

Aus dem Paraffinöl, dessen Gewichtszunahme 6,87 g betragen hatte, liessen sich bei der Destillation 6 cm = 4,24 g bis 120⁰ siedende Bestandtheile gewinnen[1]), welche 1,8 ccm bei der Ausschüttelung abgaben. Damit ist die Benzolausbeute eingeschlossen zwischen den Werthen von 2,53 und 4,33 ccm bezw. 2,23 und 3,81 g.

Berechnet man die Olefinmenge im Theer aus der Bromabsorption nach den früher dargestellten Annahmen, so ergeben sich $\frac{0,448}{2,3}$. 30,4 = 6 g Amylen. Für Amylen plus Benzol im Theer folgt sonach das Gesammtgewicht = 8,23 und für unver. ändertes Ausgangsmaterial 30,4—8,23 = 22,17 g. Die zersetzte Hexanmenge beträgt dann 60,78 g. Die im Vorversuch ermittelten Siedegrenzen des Theers stimmen mit den der Rechnung zu Grunde liegenden Annahmen gut überein. Ueber die im Paraffinöl absorbirten Bestandtheile lässt sich mit Sicherheit nicht Quantitatives ausmachen. Aller Wahrscheinlichkeit nach bestehen sie aus mindestens 50 % Olefinen und daneben aus unverändertem Ausgangsmaterial.

Aus dem Gasvolumen und der Gasanalyse berechnet sich das Gewicht der Olefine im Gas zu 30,525 g, während die Paraffine 11,4 g betragen.

Ganz unerheblich ist das Wasserstoffgewicht, welches auftrat. Von 9,9 g Wasserstoff, welche in Form von 60,78 g Hexan an der Umsetzung theilnahmen, wurden nur 0,32 g in elementarer Form abgespalten. Ebenso ist das Quantum an Kohle und Acetylen, welches enstand, gänzlich untergeordnet.

Das Ergebniss der vorstehenden Berechnungen ist zusammengefasst das folgende:

Aus zersetzten 60,78 g Hexan wurden erhalten:

Olefine flüssig . . . . 6 g }
   »   gasförmig . . . . 30,525 g } 36,525 g
Paraffine gasförmig . . . . 11,4 »
Benzol . . . . 2,23 bis 3,81 g
Wasserstoff . . . . 0,32 g
Kohle und Acetylen . . . . Spur
Nicht näher charakterisirte Bestandtheile im Paraffinöl — hauptsächlich Hexan und Olefine 6,87 bis 5,29 g

                                    57,345 g

---

[1]) Für diese Bestimmung wurde die Schlange, deren Gewicht leer und mit Paraffinöl gefüllt nebst dem spec. Gewicht des Paraffinoels bekannt war, entleert, von dem Paraffinöl der grösstmögliche Theil abpipettirt und auf 120 erhitzt, das erhaltene Destillat auf das Ganze umgerechnet Die im Text gegebenen Zahlen sind die für die ganze Menge berechneten.

oder in Procenten: zersetzt 100%, erhalten:

Olefine 60%
Paraffine 18,7%
Benzol . . . . 3,7 bis 6,2%
Wasserstoff 0,5%
Nicht näher charakterisirte Bestandtheile im
   Paraffinöl absorbirt — hauptsächlich Hexan
   und Olefine . . . . 8,7 bis 11,3%
Verlust 5,83%
                                100%

Die Schlüsse, welche sich aus diesen Ergebnissen ableiten, sind die folgenden:

1. Die Zersetzung des Hexans bei 606° ist eine sehr erhebliche. Die Hauptproducte der Zersetzung sind Olefine und Paraffine. Nebenproducte Wasserstoff und Benzol.

2. Die grossen Mengen an Paraffinen und Olefinen und die Geringfügigkeit der Wasserstoffabspaltung weisen auf einfache Sprengung der Kohlenwasserstoffkette unter Wanderung eines Wasserstoffatoms hin, deren Ergebniss die Entstehung von einem Molecül Paraffin und einem Molecul Olefin aus einem Molecül Hexan bildet.

3. Unter den Paraffinen prävalirt das Methan volumetrisch und gravimetrisch auf das Entschiedenste. Aus den Vertheilungsformeln (S. 29) geht hervor, dass im Gas wenigstens $\frac{25,16}{35,9} = 70$ Vol ·% aller Paraffine aus Methan bestehen. Der wahrscheinliche Betrag ist aber höher In den condensirten und absorbirten Paraffinen liegt wesentlich unverändertes Ausgangsmaterial vor.

Daraus ist zu entnehmen, dass der Zerfall des Hexans wesentlich in der Absprengung einer endständigen Methylgruppe unter Bildung von Amylen und Methan besteht.

4. Die verhältnissmässig geringe Menge der flüssigen neben der erheblichen Menge gasförmiger Olefine nnd das mittlere Moleculargewicht der letzteren = 39 führt zu der Auffassung, dass das primär gebildete Amylen in Aethylen und Propylen theilweise weiter zerfällt, bzw. dass die Hexanzersetzung theilweise der Formel

$$C_6 H_{14} = CH_4 + C_5 H_{10},$$

theilweise der Formel

$$C_6 H_{14} = CH_4 + C_2 H_4 + C_3 H_6$$

folgt.

5. Die gebildeten Mengen Acetylen, Kohle und Wasserstoff entsprechen, wenn sie auf einen Vorgang zurückgeführt werden, immer nur einer untergeordneten Nebenreaction; ob sie einer und der gleichen Reaction entstammen, bzw. ob und welche Zusammenhang zwischen ihnen besteht, bleibt unentschieden.

In bemerkenswerther Uebereinstimmung mit den Ergebnissen dieses Versuches waren die Resultate eines zweiten, der bei 730° unter Benutzung von Chlorzink als Siedeflüssigkeit ausgeführt wurde. Dieser Versuch dauerte 1½ Stunden, und die vergaste Hexanmenge betrug 57,05 g. Es wurden im Mittel 1 ccm Hexan pro Minute vergast, während entsprechend dem aufgefangenen Gesammtvolumen von 30,8 l (unreducirt) rund ⅓ l Gas pro Minute gebildet wurde. Das Tempo des Vorganges war also 2,5 bis 3 mal schneller, als das des vorangehenden Versuches, bei welchem anstatt 1,0 nur 0,4 ccm Hexan zugeleitet und statt 330 ccm 100 bis 110 ccm Gas pro Minute gebildet wurden.

Es wurden erhalten:

Theer	15,55 g
Im Paraffinöl absorbirt	5,40 »
Gasgewicht	35,42 »
Verlust	0,68 »
	57,05 g

Der Theer, welcher nach seinem äusseren Aussehen eine gelbliche Flüssigkeit von empyreumatischem Geruch darstellte, besass das spec. Gewicht 0,69 und absorbirte leicht 0,354 g Brom pro 1 g. Daraus berechnet sich die Menge des darin enthaltenen Amylens zu 2,393 g. An Benzol wurde nach der Ausschüttelmethode 1,045 ccm = 0,914 g im Theer gefunden. Das unveränderte Hexan betrug danach 15,55 — (2,393 + 0,914) = 12,243 g und die wirklich zersetzte Hexanmenge 44,81 g. Ersichtlich ist der Gehalt an Olefinen im Theer geringer, als bei dem früheren Versuche. Es erscheint dies naturgemäss, wenn man bedenkt, dass die gebildeten Olefine (Amylen) tiefer sieden, als Hexan, und dass der Gasstrom ein erheblich rascherer war. Es konnten darum in der Theervorlage die Olefine nicht mehr so vollständig condensirt werden, wie früher, während die Differenz der Geschwindigkeit bei dem höher siedenden Hexan weniger in Betracht kam.

Aus dem Paraffinöl konnten von absorbirten 5,4 g 4,56 g = 6,6 ccm gewonnen werden. Der Maximalwerth des darin enthaltenen Benzols, in üblicher Weise bestimmt, ergab sich zu 1,57 ccm = 1,38 g.

Das Volumen des Gases, auf 0° und 760 mm reducirt, betrug 29,125 l, sein spec. Gewicht 0,940 feucht gegen feuchte Luft. Die Zusammensetzung des Gases war folgende:

$Cn H_{2n}$	44,35	%		51,4	%
$Cn H_{2u+2}$	29,4 (32,7)	» [1]		34,1 (37,9)	»
H	11,32	»		13,1	»
Luft	13,70	»	berechnet für		
CO	0,50	»	luftfreies Gas	0,6	»
CO_2	0,2	»		0,23	»
N	1,51	»		1,8	»

Ein Vergleich der gasanalytischen Ergebnisse dieses Versuchs mit denen des früheren zeigt die grosse Aehnlichkeit der Gase. Zur leichteren Uebersicht seien beide hier neben einander gestellt.

	1. Versuch bei 606°.			2. Versuch bei 750°.	
$Cn H_{2n}$	50,1	%	51,4		%
$Cn H_{2n+2}$	37,2 (42,74)	»	34,1 (37,9)		»
H	10,6	»	13,1		»
CO	0,0	»	0,6		»
CO_2	0,46	»	0,23		»
N	1,64	»	1,8		»

---

[1] In diesem Falle ist nur die Zahl 32,7 durch Drittheilung des Werthes der Gesammt-contraction (vgl. S. 29 Anm.) bestimmt. Der Werth 29,4 ist in der Weise abgeleitet, dass

Acetylen, dessen Menge auch in diesem Falle sehr gering war, wurde nur qualitativ im Gase nachgewiesen.

Der Gehalt an Benzol in den gesammten Zersetzungsproducten liegt nach den oben angeführten Zahlen eingeschlossen zwischen 0,914 und 2,294 g, entsprechend 2,4% bis 5,1% des effectiv zersetzten Hexangewichtes von 44,81 g. Auch bei diesem Versuch war die Abscheidung von Kohle nur eine spurenweise, aber es ergab sich, dass die Schlange auf den grössten Theil ihrer im Heizraum befindlichen Länge zusammengefallen war, so dass ihr Lumen sich zu einem engen Schlitze verminderte. Dadurch war die Berührung von Gas und Wandung zwar gesteigert, die Erhitzungsdauer aber wesentlich verkleinert. Die Verschiedenheit in der Erhitzungszeit war gegenüber dem Parallelversuch im Zinnchlorürbade um so grösser, als auch die Hexanzufuhr hier eine raschere war.

Doch lehrte ein dritter Versuch mit langsamerer Hexanzufuhr, dass dieser Unterschied nicht von Belang war.

Um den Versuch in bequemerer Weise länger ausdehnen zu können, wurde von der Benutzung einer Siedeflüssigkeit abgesehen, und ein Luftbad der früher beschriebenen Art verwendet. Die Messung der Temperatur ergab als obere Grenze 820°. Das Zusammenfallen der Capillare fand auch in diesem Falle statt und veranlasste insbesondere während des letzten Viertels des Versuches eine merkliche Verlangsamung des Zersetzungsvorganges. Die eingespeiste Hexanmenge betrug im Mittel 0,3 ccm pro Minute. Die erzeugte Gasmenge von 51,2 l ergibt für die pro Minute erzeugte Gasmenge 72 ccm, da der Versuch 11 ³/₄ Stunden dauerte.

Die Ergebnisse waren die folgenden:

Angewandt Hexan 143,1 g.

Gefunden Theer	68,18 g
Im Paraffinöl absorbirt . .	9,50 »
Gasgewicht	63,82 »
Verlust	1,60 »
	143,10 g

Der Theer, dessen äussere Beschaffenheit der der früheren Theere glich, besass das spec. Gewicht 0,674 und nahm 0,431 g Brom pro 1 g auf, woraus sich 12,84 g $C_5 H_{10}$ berechnen. Die Ausschüttelmethode ergab 3,33 ccm = 2,90 g Benzol. Unverändertes Hexan waren danach 68,18 — (12,84 + 2,90) = 52,44 g, und die zersetzte Hexanmenge ergibt sich zu 143,1—52,44 = 90,66 g.

Bei Gelegenheit dieses Versuches wurde das bromirte Gemenge unter fractionirter Auffangung der übergehenden Antheile in der für die Normaldestillation des Erdöls nach Engler üblichen Weise destillirt. Das Sieden begann bei 55°. und es gingen von den bis 80° flüchtigen Antheilen über:

bis °C.	65°	70°	75°	80°
ccm	27%	77%	90%	100%.

---

diejenige Stickstoffmenge, welche das Gas, entsprechend seinem Gehalt an CO_2 und CO, aufweisen muss, zu dem Betrage der übrigen Gasbestandtheile excl. der Paraffine hinzuaddirt und die so gebildete Summe von 100 subtrahirt ist. Der gefundene Werth = 29,4 ist nicht so genau, wie der mittelst der Bestimmung des Sauerstoffverbrauchs gewonnene; ein erheblicher Fehler ist aber als ausgeschlossen zu betrachten.

Der Vergleich mit dem Ergebniss der (S. 28) angegebenen Destillation eines ursprünglichen Theers, welches, auf Procente umgerechnet, hier nochmals Platz finden möge:

Beginn des Siedens 42⁰.

Es gingen über bis 50⁰, 55⁰, 60⁰, 65⁰, 67⁰, höher und Verlust ⁰/o vom Ausgangsmaterial 4,4⁰/o 44⁰/o 73,3⁰/o 91⁰/o 96⁰/o 4⁰/o zeigt diesen Befund mit der Annahme in wünschenswerthem Einklang, dass die im Theer vorliegenden Olefine wesentlich als Olefine vom Moleculargewicht des Amylens anzusprechen sind, die, solange sie als solche vorliegen, den Siedepunkt erniedrigen, während nach ihrer Entfernung mit Brom die Siedegrenzen der durch Brom unverändert gebliebenen Theerbestandtheile wieder diejenigen des Ausgangsmaterials sind.

Aus dem Paraffinöl wurden von absorbirten 9,5 g 7,65 g = 11,8 ccm (hier wie in früheren Fällen aus der Destillation der Hauptmenge auf das gesammte Paraffinöl berechnet) bis 120⁰ abgetrieben. Dieses Destillat besass, nach der Ausschüttelmethode geprüft, nicht über 1,54 ccm = 1,355 g Benzol. Die Gesammtmenge des Benzols liegt also eingeschlossen zwischen 2,90 g und 4,255 g Benzol entsprechend 3,2 bis 4,7 Gewichtsprocent von zersetzten 90,66 g Hexan.

Die Gesammtmenge des vom Paraffinöl gewonnenen Destillates gestattete zwar nicht, die Bromirung vor der Ausschüttelung durchzuführen, ermöglichte aber an einer kleinen Probe den Bromverbrauch mit 0,58 g Brom pro 1 g Substanz entsprechend 25,3⁰/o Olefinen festzustellen, während für den Theer aus einem Verbrauch von 0,431 g 18⁰/o sich berechnen (cf. S. 33).

Das Gas hatte folgende Zusammensetzung:

$C_n H_{2n}$	⁰/o	51,14		52,40		⁰/o	$C_n H_{2n}$
$C_n H_{2n+2}$	,,	33,02	{39,8}	33,83	{40,8}	,,	$C_n H_{2n+2}$
H	,,	9,72		9,90		,,	H
Luft	,,	2,4	berechnet für				
CO	,,	1,15	luftfreies Gas	1,17		,,	CO
CO_2	,,	0,85		0,87		,,	CO_2
N	,,	1,72		1,73		,,	N

Sauerstoffverbrauch der Paraffine 2,51 ccm pro 1 ccm. Sein specifisches Gewicht feucht gegen feuchte Luft betrug 1,05, sein Volumen bezogen auf 0⁰ und 760 mm 51,2 l. Daraus leitet sich das Gesammtgewicht der Olefine zu 48,5 g und ihr mittleres Moleculargewicht zu 41,35 ab, während das Gewicht der Paraffine sich zu 15,7 g berechnet.

Aus dem Sauerstoffverbrauch von 2,51 ccm folgt das Vertheilungsverhältniss für die Grenzfälle:

1. Methan : Aethan = 21,80 : 11,22 = 63,0 : 37,0.
2. Methan : Hexan = 31,25 : 1,77 = 94,6 : 5,4. Die Acetylenbestimmung ergab 0,026⁰/o Acetylen bezogen auf das Gasvolumen entsprechend 0,01 Gewichtsprocenten des effectiv zersetzten Hexans. Der abgespaltene Wasserstoff beträgt insgesammt 0,41 g entsprechend 3,0⁰/o des gesammten in 90,66 g Hexan enthaltenen Wasserstoffs und 0,45⁰/o des zersetzten Hexangewichts.

Stellt man die so gewonnenen Daten in derselben Weise wie früher zu einer Bilanz zusammen, so ergibt sich:

Zersetzt 90,66 g Hexan.

Erhalten:

1. Olefine flüssig . . . . 12,84 g ⎫
   » gasförmig . . . . 48,5 » ⎬ 61,34 g   a)
2. Paraffine gasförmig . . . . 15,7 »   b)
3. Benzol . . . . 2,9 bis 4,26 g   c)
4. Wasserstoff . . . . 0,41 g   d)
5. Kohle und Acetylen . . . . Spur
6. Nicht näher charakterisirte Substanzen (Paraffinölabsorption) hauptsächlich Hexan und Olefine . . . . 9,5 bis 8,14 g   e)

   89,85 g

d. h. in Procenten:

a) 67,7   60
b) 17,3   18,7
c) 3,2 bis 4,7   3,7 bis 6,2
d) 0,45   0,5
e) 10,5 bis 9,0   8,7 bis 11,3

99,16   94,17
Verlust 0,84   Verlust   5,83

100,00   100,00

Die in Klammern daneben gestellten Ergebnisse des früheren Versuches S. 31 lassen die grosse Uebereinstimmung beider Zersetzungsvorgänge erkennen.

Die Betrachtung dieser Ergebnisse veranlasste die Aufsuchung des in der Einleitung erwähnten gasanalytischen Weges zur näheren Untersuchung der Paraffine.

Alle Fehlerquellen und Modificationen der Rechnung, die man heranzieht, helfen nämlich nicht ohne Zwang darüber hinweg, dass das Verhältniss der Olefine zu den Paraffinen zu klein gefunden wurde.

Gleichviel ob man die Gleichung:

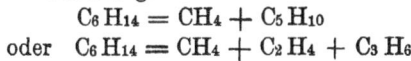

$$C_6 H_{14} = CH_4 + C_5 H_{10}$$
$$\text{oder} \quad C_6 H_{14} = CH_4 + C_2 H_4 + C_3 H_6$$

zu Grunde legt, sollten gefunden werden:

Gewichtsprocente Paraffine (Methan) 18,6
» Olefine 81,4

sonach das Verhältniss der Olefine zu den Paraffinen dem Gewichte nach = 4,38 : 1.

Die thatsächlich gefundenen Zahlen aber sind:

Gewichtsprocente Paraffine [Methan] 17,3   18,7
» Olefine 67,7   60,0

und das Verhältniss der beiden Körpergruppen 3,91 : 1; bezw. 3,21 : 1.

Mit dem im dritten Theil dieser Abhandlungen ausführlich mitgetheilten Beweis, dass in den Paraffinen zum Theil Körper anderer Kohlenwasserstoffgruppen vorliegen, welche den Olefinen nach ihrem Wasserstoffgehalt zuzurechnen sind und nur in Folge ihrer Widerstandsfähigkeit gegen Absorptionsmittel mit den Paraffinen in den Gasrest gelangen, wird diese Schwierigkeit beseitigt. Die Annahme, dass diese Körper Trimethylenkohlenwasserstoffe sind, erscheint plausibel, da bei der Bindungsverschiebung, welche die Methanabspaltung begleitet, offenbar ebensowohl Pentamethylen als Amylen entstehen kann.

3 *

Nach dem Ergebniss der beschriebenen Versuche konnte dem Temperatur-unterschied von 606⁰ und 730⁰ ein wesentlicher Einfluss auf den Zersetzungsvorgang nicht beigemessen werden. Es wurde indessen ein weiterer Versuch in diesen Grenzen für erforderlich erachtet, um einen näheren Einblick in die Natur der Olefine zu gewinnen, deren Deutung als ein Gemenge von Amylen, Aethylen und Propylen durch die Be-stimmung des mittleren Moleculargewichts nicht genügend fundirt erschien.

Von den drei genannten Olefinen ist das Aethylen ziemlich schwer, Amylen und Propylen viel leichter durch rauchende Schwefelsäure absorbirbar. Es dürfte erwartet werden, dass die Einschaltung einer Winkler'schen Schlange mit rauchender Schwefel-säure in den Gasstrom die Hauptmenge des Amylens und Propylens herausschneiden und ein Gas zurücklassen würde, dessen Olefine in ihrem Moleculargewicht dem des Aethylens nahe kämen. Es wurden deshalb hinter die beiden Schlangen, welche der gewöhnlichen Apparatur angehörten, zwei weitere geschaltet, von denen die eine rauchende Schwefelsäure, die andere Kalilauge enthielt. Die Zersetzungsschlange befand sich in einem Luftbad, bestehend in einem Doppelstahltiegel, zwischen dessen Wänden geschmolzenes Zink eingebracht war. Die Messung der Temperatur geschah mit Legirungen und ergab als oberen Grenzwerth 820⁰. Vergast wurden in 5 Stunden 26,2 g Hexan, entsprechend im Mittel 0,13 ccm pro Minute. Die Heizschlange legte sich auch hier zu einem langen, engen Spalte zusammen und zeigte nach dem Ver-such eine sehr geringe Ausscheidung von Kohle als dünnen spiegelnden Beschlag längs den Wänden. Entsprechend der sehr kleinen Vergasungsgeschwindigkeit, war die Zersetzung diesmal insofern vollständiger, als nur eine sehr geringe Menge Theer von goldgelber Farbe gebildet wurde. Die Ergebnisse waren im Einzelnen:

Vergast 26,20 g.

Erhalten:

Theer	2,90 g
Paraffinölabsorption	3,60 »
Zunahme der Gefässe mit H_2SO_4 und KOH	6,90 »
Gas	11,50 »
Verlust	1,30 »
	26,20 g

Das Gasvolumen bezogen auf 0⁰ und 760 ccm betrug 11,535 l. Das spec. Gewicht feucht gegen feuchte Luft 0,772, woraus sich (vgl. S. 23) das spec. Gewicht des trocknen Gases zu 0,77 berechnet. Die Gasanalyse hatte folgende Ergebnisse:

	Vol.-⁰/₀.			Vol.-⁰/₀.
C_nH_{2n}	29,6		C_nH_{2n}	31,9
$C_nH_{2n}+_2$	46,01		$C_nH_{2n}+_2$	49,6
H	13,54		H	14,6
Luft	7,2	berechnet für		
CO	1,6	luftfreies Gas	CO	1,7
N	2,05		N	2,2
CO_2	0,0		CO_2	0,0

Sauerstoffverbrauch für 1 ccm Paraffine: 2,534.

Daraus folgt unmittelbar das mittlere Moleculargewicht zu 31,2 und damit die Berechtigung, die in diesem Gase auftretenden Olefine als Aethylen zu betrachten.

Dass der Zersetzungsvorgang der gleiche gewesen ist, wie in früheren Versuchen, dass also hier nicht durch einen abweichenden Gang der Reaction Aethylen gebildet ist, folgt weiter, von der Aehnlichkeit der Zersetzungsbedingungen abgesehen, einerseits aus der Uebereinstimmung des Sauerstoffverbrauchs der Paraffine = 2,534 mit den früheren Ergebnissen, andererseits aus der Gaszusammensetzung, welche die Rechnung ergibt, wenn angenommen wird, die in der Schwefelsäure zurückgehaltenen Olefine wären in das Gas gelangt und hätten das mittlere Moleculargewicht der Olefine auf den in früheren Fällen beobachteten Betrag von 39 vermehrt. Es ist nämlich das Gewicht der Olefine im Gas = 4,754 g, das der absorbirten = 6,90 g. Das Gesammtgewicht = 11,654. Bezeichnet man nun das Gewicht der gasförmigen Olefine mit G_I, das der durch Schwefelsäure zurückgehaltenen mit G_{II}, die zugehörigen Volumina mit V_I und V_{II} und die zugehörigen Moleculargewichte, mit M_I und M_{II}, sowie das Litergewicht des Wasserstoffs mit L_H, dann ist:

$$1. \quad G_{II} = V_{II} \frac{M_{II}}{2} L_H \text{ und } V_{II} = \frac{2\,G_{II}}{M_{II}\,L_H},$$

$$2. \quad G_I = V_I \frac{M_I}{2} L_H,$$

$$\text{und} \quad 3. \quad G_I + G_{II} = \left(V_I + \frac{2\,G_{II}}{M_{II}\,L_H} \right) \frac{(M_I + M_{II})\,L_H}{4}$$

daraus folgt für $\dfrac{M_I + M_{II}}{2} = 39$, dass $M_{II} = 47,3$ und $V_{II} = 32,562$ l. ist.

Das Gesammtvolumen der Olefine wird dann 62,36 l in 132,562 l Gas, und die Zusammensetzung des vollständigen Gases in Procenten:

Vol.-%				Vol.-%	
$C_n H_{2n}$	47,04			$C_n H_{2n}$	49,75
$C_n H_{2n+2}$	34,71			$C_n H_{2n+2}$	36,72
H	10,28			H	10,87
Luft	5,45	bezogen auf			
CO	1,21	luftfreies Gas		CO	1,28
N	1,31			N	1,38
CO_2	0,0			CO_2	0,0
	100,00				100,00

Die Uebereinstimmung mit dem Ergebniss früherer Versuche ist, wie man sieht, eine recht befriedigende.

Die Untersuchung des Theers und Paraffinöldestillats wurde nur qualitativ ausgeführt, da beide nur einen geringen Betrag ausmachten. Es fanden sich darin, wie sonst, Benzol und Olefine.

Damit erscheint die Gleichung

$$C_6 H_{14} = CH_4 + C_2 H_4 + C_3 H_6$$

weiter gestützt.

Schliesslich sei noch eines Versuches gedacht, welcher in der Weise vorgenommen wurde, dass die Zersetzungsschlange in einen mit Eisenfeile gefüllten Tiegel eingebettet und Prinsep'sche Legirungen, in Asbestpapier eingenäht, zwischen den Schlangenwindungen eingelegt wurden. Der Versuch, bei welchem durch ein Versehen einige Legirungen in Verlust geriethen, und dessen Temperatur deshalb nicht sicher bestimmt werden konnte, endete mit einer Verstopfung des Gascanales, indem die schwere Gusseisenfeile das erweichende Glas zusammendrückte. Von einer quantitativen Bearbeitung der Ergebnisse wurde um dieser Mängel willen abgesehen.

Immerhin mögen die beobachteten Werthe hier Platz finden, da sie in guter Uebereinstimmung mit den früheren sich befinden und deshalb geeignet sind, diese zu bestätigen.

Die Zusammensetzung des Gases war berechnet für luftfreies Gas:

$$C_n H_{2n} \qquad 49,8\,\%$$
$$C_n H_{2n+2} \qquad 36,6\,»$$
$$H \qquad 7,8\,»$$
$$CO \qquad 2,0\,»$$
$$N \qquad 3,8\,»$$

Das spec. Gewicht des Gases feucht gegen feuchte Luft betrug 1,0.

In der Heizschlange hatten sich Spuren von Kohle in Gestalt eines spiegelnden Belags an den Wänden abgeschieden.

Im Theer fanden sich 2,4 Volumprocent Benzol, bezogen auf das gesammte vorliegende Theervolumen.

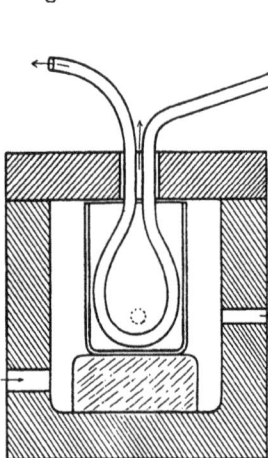

Fig. 4.

Damit wurden die Versuche über die Zersetzung des Hexans bei niederer Temperatur beschlossen und, da dem Studium der Verhältnisse bei der Temperatur des siedenden Zinks die früher erwähnten Schwierigkeiten begegneten, zum Studium der Zersetzungserscheinungen bei noch höherer Temperatur übergegangen. Zu dem Zweck wurde zunächst ein schmiedeeisernes Rohr von 6 mm lichter Weite zu einer Schlange mit $1\frac{1}{2}$ Gewindegängen zusammengedreht und in einen Stahltiegel eingehängt, Dieser Tiegel wurde in der Muffel zur Gelbgluth (ca. 1200^0) gebracht, und Hexandampf in die Schlange eingespeist, die in der bisherigen Weise in die Apparatur eingeordnet war. Dieser Versuch kam indessen nach kürzester Frist zum Stehen, weil das Rohr sich durch Kohleausscheidung verstopfte. Beim Auseinanderschneiden des Rohres zeigte sich, dass, an der Eintrittsstelle des Hexans in die Gluthzone beginnend, ein Kohlepfropf sich gebildet hatte, welcher das Rohr auf mehrere Centimeter Länge für den Gasstrom unpassirbar machte. Daraus konnte entnommen werden, dass die Kohleabscheidung bei dieser Temperatur ausserordentlich energisch und rasch erfolgte, und es ergab sich die Nothwendigkeit, ein weiteres Zersetzungsrohr zu verwenden und die Zuflussgeschwindigkeit des Hexandampfes erheblich zu steigern, damit die Kohleausscheidung auf eine längere Strecke sich vertheilte und rasche Verstopfung vermieden wurde. Alsdann musste freilich von einem schlangenförmigen Heizcanal abgesehen werden. Es wurde deshalb ein Eisenrohr von 10 mm lichter Weite benutzt, das U-förmig gebogen war und in der beschriebenen Weise in einen Stahltiegel und mit diesem in die Muffel eingesetzt wurde (Fig. 4). Im Stahltiegel befindliche Legirungen liessen nach beendetem Versuch erkennen, dass die Temperatur 1190^0 überschritten, 1220^0 nicht erreicht hatte.

Vergast wurden im Ganzen 60,75 g Hexan und zwar die Hauptmenge während der ersten 20 Minuten der Versuchsdauer von $1\frac{1}{2}$ Stunden. Alsdann machte sich die zunehmende Verstopfung immer mehr geltend, die den Versuch schliesslich zum Stehen brachte. Dementsprechend wurden Anfangs in der Minute 1000 bis 1150 ccm

Gas aufgefangen. Nach 20 Minuten fiel diese Menge auf 550 ccm pro Minute, nach 30 Minuten auf 150 ccm, und in der letzten Stunde wurde insgesammt 1 l Gas gebildet. In der Theervorlage fand sich kein Tropfen eines flüssigen Condensats. Im Paraffinöl wurden nur 0,55 g absorbirt, welche naturgemäss nur die Gewinnung von wenigen Tropfen eines bis 120° übergehenden Destillats gestatteten. Diese Tropfen erwiesen sich stark benzolhaltig. Die Zersetzungsschlange, welche auf eine Länge von 26 cm der Erhitzung ausgesetzt gewesen war, zeigte sich in ihrer vorderen — dem Hexaneintritt zugekehrten — Hälfte vollkommen mit einer Kohle erfüllt, welche in der Mitte des Rohrquerschnitts ein loses Pulver, an den Wänden eine harte Kruste vom Aussehen des Retortengraphits bildete. Von jener losen Kohle konnten allein 10 g nach dem Zerschneiden des Rohres herausgeklopft werden. Sie enthielten asphaltartige Bestandtheile. So blieb für die weitere Untersuchung als greifbares Object nur das Gas, dessen Zusammensetzung die folgende war:

	%			%	
$C_n H_{2n+2}$	22,1 (Methan)			22,6	$C_n H_{2n+2}$ (Methan)
$C_n H_{2n}$	4,3			4,4	$C_n H_{2n}$
H	63,6	berechnet für		65,2	H
Luft	2,5	luftfreies Gas		6,0	CO
CO	5,8			0,7	CO_2
CO_2	0,7			1,1	N
N	1,0.				

Sauerstoffverbrauch für 1 ccm Paraffine = 1,96.

Diese Analyse lehrt, dass der weitaus grösste Theil des Hexans in seine Elemente aufgelöst worden war. Als beständigster Kohlenwasserstoff tritt in charakteristischer Weise Methan hervor, welches einzig neben dem Wasserstoff in ausgedehntem Maasse in dem Gase sich fand. Ersichtlich lag die Zersetzungstemperatur so hoch, dass alle Reactionen gegenüber dem vollständigen Zerfall zurücktraten. Als charakteristisch verdient nur noch der Erwähnung, dass das Acetylen in 4,16 l des Gases nur qualitativ nachweisbar war, da der Betrag des gebildeten Acetylensilbers zu einer quantitativen Bestimmung nicht ausreichte. Die Versuche wurden an dieser Stelle abgebrochen, um mit einer handlicheren Versuchseinrichtung wieder aufgenommen zu werden (Theil III). Nur die photometrischen Ergebnisse, welche die Untersuchung der erzeugten Gase auf ihr Leuchtvermögen lieferte, bedürfen hier noch im Anschluss an eine Arbeit von James Tocher[1] der Besprechung.

Photometrische Resultate.

Tocher untersuchte, von technischen Gesichtspunkten ausgehend, die Bildung von Oelgas aus Mineralölen, sowie aus reinen Individuen der Paraffinreihe und aus Terpentinöl. Er zersetzte unter anderem Naphta vom specifischen Gewichte 0,730, welche durch die folgenden Ergebnisse einer fractionirten Destillation charakterisirt ist.

Uebergehende Antheile

in ccm	6	4	14	15	15
°C.	60 bis 70	70 bis 80	80 bis 90	90 bis 100	100 bis 110

in ccm	17	11	8	10
°C.	110 bis 120	120 bis 130	130 bis 140	140 bis 150,

---

[1] Journ. Soc. Chem. Industrie 1894 XIII, 231, übersetzt vom Verfasser, Journal für Gas- und Wasserversorgung XXXVIII, 1895, S. 22.

Er erhielt bei 600° aus 1 l Ausgangsmaterial 451 l, bei 850° 625 l eines farblosen Gases, welches im ersten Fall die unter I., im zweiten die unter II. gegebene Zusammensetzung besass.

	I.		II.
31,2%	Olefine		29,8%
47,6 »	Paraffine		48,7 »
17,4 »	Wasserstoff		19,1 »
2,67	Mittlerer C-Gehalt der Olefine		2,71
11,4	Rückstand in %		5,1

Die Aehnlichkeit der bei beiden Temperaturen erzeugten Gase tritt auffallend hervor. Die Angabe über den mittleren Kohlenstoffgehalt im Molekül der Olefine gestattet, deren mittleres Moleculargewicht abzuleiten, welches sich aus I. zu 36,4, aus II. zu 38 berechnet. Mit reinem Octan und Decan erhielt T o c h e r Ergebnisse, welche mit seinen Versuchen über Naphta nicht recht stimmen. Vgl. unten Tabelle.[1])

Mit den Ergebnissen der vorliegenden Untersuchung verglichen, sind die Aehnlichkeit der Zersetzungsgase der Naphta bei 600° und 850° und das mittlere Moleculargewicht bemerkenwerthe Punkte der Uebereinstimmung.

Es steht zu vermuthen, dass die grosse Verschiedenheit im Verhältniss der Paraffine zu den Olefinen bei T o c h e r's und bei den vorstehend beschriebenen Versuchen der Versuchsanordnung zuzuschreiben ist; diese war bei T o c h e r den Apparaten genau nachgebildet, die in der Technik zur Oelgaserzeugung aus schweren Oelen benutzt sind, und mit denen erfahrungsgemäss Naphta niemals in günstiger Weise zu vergasen ist.

T o c h e r findet, dass die Leuchtkraft seines aus Petroläther erzeugten Gases beträgt in I. 43,5, in II. 42,2 englische Kerzen bei einem Stundenconsum von 5 cbf, woraus sich für 1 l Naphta in I. 139, in II. 188 engl. Kerzenstunden berechnen. Für Octan ergaben sich ihm bei dem bei 550° erzeugten Gas 18 engl. Kerzen bei 5 cbf Stundenconsum, bei Decan 20,2 (550°) bzw. 12,2 (800°).

Dem gegenüber ergab die photometrische Prüfung zweier der beschriebenen Versuchsgase, welche infolge geringen Luftgehaltes und grossen disponiblen Gasvolumens sich zur Untersuchung vornehmlich eigneten, folgendes Ergebniss:

I.

Gas von dem Zersetzungsversuch im Zinnchlorürbade (S. 29):

Consum	Hefnerlichte	Druck	Consum pro Hefnerlicht-Stunde	
1 14,2	4,61	5 mm	3,08	(a
1 38,0	15,5	15 »	2,451	(b
1 51,7	24,0	25 »	2,154	(c
1 66,2	30,25	33 »	2,188	(d

[1])		Octan (Sdp. 122°)		Decan (Sdp. 156,5°)	
		550°	800°	550°	800°
	Temperatur				
	Ausbeute in ccm Gas aus 1 ccm	180	420	246	475
Gasanalyse	$C_n H_{2n}$	23,5%	12,3%	27,4%	13,4%
	$C_n H_{2n+2}$	39,4 »	35,4 »	36,0 »	50,1 »
	H	35,7 »	52,8 »	35,7 »	36,5 »
	Rückstände (Theer) = unverändert. Ausgangsmaterial	22%	wenig	50,0%	—
	Aethylenäquivalent v. $C_n H_{2n}$	30,0	11,7	32,1	14,2
	Mittlerer Kohlenstoffgehalt im Molekül $C_n H_{2n}$	2,56	1,91	2,35	2,12

Der Consum war in a und b für günstige Flammenentfaltung zu klein, aus c und d ergeben sich für die Hefnerlichtstunde 2,171 l im Mittel.

II.

Gas von dem Zersetzungsversuch im Luftbade (S. 34):

Consum.	Hefnerlichte	Consum pro Hefnerlichtstunde
38,2 l	20,8	1,836
53,2 »	31,6	1,684
62,7 »	34,4	1,823
64,1 »	34,6	1,853

Aus den Versuchen folgt im Mittel ein Verbrauch von 1,8 l pro 1 Hefnerlicht.

Rechnet man diese Ergebnisse auf englisches Maass um, wobei festzuhalten ist, dass 1 cbf = 28,3 l und 1 hfl = 0,943 engl. Kerzen ist, so ergeben sich für 5 cbf Consum:

$$\text{I. } 61,5 \text{ engl. Kerzen.}$$
$$\text{II. } 74,4 \text{ » » }$$

Nun betrug in I. die Gasausbeute (unreducirt) 38,1 l und das Hexanvolumen aus dem sie erzeugt wurde (ohne alle Correcturen) $\frac{82,95\,g}{0,66} = 125,5$ ccm. Aus einem Liter Hexan würden sonach 304 l Gas entsprechend $\frac{61,5 \cdot 304}{5 \cdot 28,3} = 132$ engl. Kerzenstunden erzielt werden.

In II. betrug die Gasausbeute (unreducirt) 51,2 l und das bezügliche Hexanvolumen $\frac{143,1\,g}{0,66} = 217$ ccm. In diesem Falle berechnen sich also für 1 l Hexan 236 l Gas entsprechend 124,3 engl. Kerzenstunden.

Während aber bei den Tocher'schen Versuchen mit Naphta im einen Falle 11,4 %, im anderen 5,1 % flüssige Destillate beobachtet wurden, ergaben sich bei I. $\frac{30,40}{82,95}\,100 = 36,7\,\%$; bei II. $\frac{68,18}{143,1}\,100 = 47,6\,\%$.

Bezieht man die Gasausbeute und das Leuchtvermögen auf die Menge an Ausgangsmaterial, welche sich ergibt, wenn die flüssigen Producte davon in Abzug gebracht werden, so folgt aus Tocher's Versuchen:

1 l Naphta bei 600⁰	850⁰ zersetzt	
157	198 engl. Kerzenstunden,	

während die hier beschriebenen Versuche für

1 l Hexan bei 606⁰	700⁰ bis 800⁰ zersetzt	
ergeben 209	233 engl. Kerzenstunden.[1]	

---

[1] Die Ergebnisse Tocher's bezüglich des Leuchtvermögens der aus Octan und Decan erzeugten Gase sind:

Octan Ausbeute aus 1 l   180 l., Temp. 550⁰,
Leuchtkraft für 5 cbf   18,0 engl. Kerzen,
Rückstände . . . . 22,0 %,

woraus für 1 l Octan folgen würde:

Leuchtvermögen (Rückstände nicht gekürzt) = 23 Kerzenstunden,
» (Rückstände gekürzt) = 30 »

Decan: Temp.	Ausbeute aus 1 l	Leuchtkraft für 5 cbf	Rückstände
a) 550⁰	246 l	20,2	50,5 %
b) 800⁰	475 »	12,0	?

Berechnet auf 1 kg vergasten Materials ergeben sich:

Naphta nach Tocher	Rückstände nicht gekürzt	190,4	und	257,5	engl. Kerzenstunden.
	Rückstände gekürzt	215	»	271	» »
Hexan	Condensate nicht gekürzt	198	»	186,5	» »
	Condensate gekürzt	313	»	349	» »

Um diese Ergebnisse recht zu vergleichen, muss man sich gegenwärtig halten, dass die Zersetzungsgase des Hexans eine Kühlung auf —10° C. erfahren hatten und durch nullgrädiges Paraffinöl gewaschen waren, während Tocher's Gase nur auf mittlere Temperatur gekühlt und mit Wasser gewaschen waren. Es muss ferner berücksichtigt werden, dass der »Theer« im Falle des Hexans nicht aus hochmolecularen Producten bestand, deren Carburationswerth Null und deren Vergasungswerth klein ist, sondern dass er sich aus Hexan und Amylen zusammensetzte und somit einen hohen Werth nach beiden Hinsichten besass.

Eine Substanz, welche ein Oelgas liefert, das nach Kühlung auf — 10° C. und nach dem Waschen mit nullgrädigem Paraffinöl noch $61\frac{1}{2}$ bis $74\frac{1}{2}$ engl. Kerzen pro 5 cbf Consum und $186\frac{1}{2}$ bis 198 engl. Kerzenstunden pro 1 kg Ausgangsmaterial besitzt; eine Substanz, welche hierbei als »Theer« 37% bis 48% eines Gemenges von unverändertem Ausgangsmaterial mit Amylen liefert, beansprucht einen Platz in der Reihe der vorzüglichsten Vergasungsmaterialien für Oelgaserzeugung. Man hat dem Hexan und ähnlichen Körpern bislang einen zu niedrigen Werth gegenüber anderen Vergasungsmaterialien beigelegt, weil man es in ungeeigneter Weise vergaste und darum ein Oelgas mit 30% Olefinen, statt, wie es nach den hier beschriebenen Versuchen als erreichbar erwiesen ist, mit 50% Olefinen erzielte.

Leuchtkraft des gesammten aus 1 l Ausgangsmaterial erzeugten Gasvolumens

Rückstand nicht gekürzt	Rückstand gekürzt
a) 35,2 engl. Kerzenstunden	71,4
b) 40,5	?

Diese Ergebnisse schliessen offenbar einen Irrthum ein und sind desshalb im Texte nicht weiter besprochen.

III. Ueber die Zersetzung des Hexans und Trimethyläthylens.

Bearbeitet in Gemeinschaft mit H. Oechelhaeuser.

Für die Weiterführung der im zweiten Theil dieser Abhandlung beschriebenen Versuche wurde eine veränderte Versuchsanordnung getroffen, deren Beschreibung vorangeschickt werden möge. Daran schliesst sich in dieser Darstellung die Mittheilung einiger gasanalytischen Voruntersuchungen als zweiter Theil, während die Fortsetzung der experimentellen Befunde über die Zersetzung des Hexans, sowie die Versuche mit anderen Kohlenwasserstoffen den dritten Abschnitt ausmachen. Die thermoelektrischen Messmethoden finden sich im Anhange.

I.

Versuchseinrichtung.

Die Herstellung einer gleichmässigen hohen Temperatur, welche sicher constant erhalten und rasch um willkürliche Beträge geändert werden kann, ist unter Benutzung von Verbrennungsvorgängen als Wärmequelle nicht leicht ausführbar.

Es wurde deshalb zur Benutzung elektrischer Oefen geschritten. Die bekannten Formen dieser Oefen zerfallen in zwei typische Gruppen. Die einen, die in neuester Zeit von Moissan für Laboratoriumszwecke auf das vielfältigste benutzt werden, sind die Lichtbogenöfen, die anderen, deren technische Verwendung von Cowles in die Aluminiumindustrie, deren Laboratoriumsgebrauch durch Borchers in die chemischen Institute eingeführt ist, dürfen als Kurzschlussöfen bezeichnet werden. Für die Lichtbogenöfen hat Moissan bereits eine Form beschrieben, welche sie für die Untersuchung gaschemischer Vorgänge verwendbar macht. Da aber die Lichtbogenöfen nicht für eine beliebige, messbare und constante, sondern nur für eine ganz ausserordentlich hohe, ihrem genauen Betrage nach unbekannte Temperatur geeignet sind, konnten sie hier nicht in Frage kommen. Es war vielmehr nöthig das Princip der Kurzschlussöfen — Erhitzung eines festen Widerstands — für gaschemische Untersuchungen auszubilden. Dies gelang leicht, indem dem erhitzten Leiter Rohrform gegeben, und der Gasstrom durch den inneren Hohlraum geführt wurde. Eine im Princip damit übereinstimmende Einrichtung wurde für das Glühen von Bandeisen anscheinend gleichzeitig in Amerika versucht, gelangte aber erst nachdem der nach diesem Princip construirte Ofen hier einige Zeit in Benutzung war, durch eine Notiz in der Zeitschrift für Elektrochemie zu meiner Kenntniss.[1]

Für das Material des erhitzten Leiters kommen für mittlere Temperaturen Platin bezw. Platiniridium, für höhere Kohle ausschliesslich in Frage. Die Unveränderlichkeit an der Luft spricht für die Verwendung des Platins, bezw. Platiniridiums, so lange dessen relativ niedriger Schmelzpunkt dies möglich macht.

In beiden Fällen darf der Gasstrom nicht unmittelbar durch das Kohle- oder Platinrohr geleitet werden, weil die Rohrwandung nicht gasdicht ist. Dient ein Platinrohr als geheizter Widerstand, so schiebt man ein Rohr aus Glas bezw. Porcellan von möglichst geringer Wandstärke hinein und leitet die Gase, welche erhitzt werden sollen, durch dieses. Unter Verwendung von Röhren aus Masse 7 der königl. Porcellanmanufactur in Berlin kommt man dann etwa bis zu der Grenze, welche durch den Schmelzpunkt des Metallrohres geboten ist. Ueber 1700° erweicht auch Masse 7, so dass Mangels eines höher schmelzenden, in der Weissgluth gasdichten Materials quantitative Studien über gaschemische Umsetzungen vorläufig nicht wohl ausführbar sind. Qualitative Untersuchungen im Kohlerohr lassen sich in der Weise bei noch höheren Temperaturen ausführen, dass man dem eintretenden Gas einen geringen Druck giebt. Es geht dann zwar ein erheblicher Bruchtheil verloren, indem er durch die Rohrwand hindurchgeht. Da aber die Poren der Wandung einen nicht unerheblichen Widerstand gewähren, entweicht durch sie nur ein Theil, während ein anderer am Rohrausgang gefasst werden kann. Die im dritten Abschnitt geschilderten Versuche wurden bei weit niederen Temperaturen vorgenommen. Es darf deshalb von einer näheren Schilderung der Einrichtungen, welche für einige vorläufige Untersuchungen jenseits 2000° dienten, hier abgesehen werden. Erwähnt sei nur noch, dass man geeignete Kohlerohre in der Weise gewinnt, dass ungefüllte Dochtkohlen in ihrem mittleren Theil auf eine geringe Wandstärke abgedreht werden. Die Enden, an welchen die Stromzuführung stattfindet, bleiben dann fast kalt, während die Mitte in Magnesia verpackt, in hellste Gluth versetzt wird.[2]

Bei der Verwendung eines Platinrohres ist eine grössere Metallstärke an den Stromzuführungen nicht unbedingt nothwendig. Verpackt man den mittleren Theil eines dünnen Platinrohres in Asbest, so kann er bis zur Weissgluth gebracht werden, ohne dass die freiliegenden Endtheile in Folge der Wirkung der Abstrahlung mit Ausnahme der an die verpackten Theile unmittelbar anstossenden Partien in sichtbare Gluth gerathen.

Bei den hier behandelten Studien wurde ein Ofen benutzt, dessen Hauptstück ein in Rohrform zusammengerolltes Platinblech von 0,05 mm Dicke, 400 mm Länge und 55 mm Breite bildete. An das Blech waren Laschen aus Kupfer an beiden Enden angelöthet, welche 1 mm dick, 90 mm lang und 50 mm breit waren. Beim Rollen des Platinbleches nahmen die ersten 50 mm der Laschen die Rohrform mit an, während jene 40 mm ihrer Länge, um welche sie die Breite des Platinblechs überragten, als gerade Lappen bestehen blieben, die, in mit Quecksilber gefüllte Eisennäpfe eingetaucht, die Stromzufuhr vermittelten. Durch das Platinrohr wurde ein

---

[1] Zeitschrift für Elektrochemie 1895 S. 558. (Heft vom 5. März.) Von anderer Seite wurde ich später darauf hingewiesen, dass das Princip des elektrischen Rohrofens schon in dem Patente No. 73582 Klasse 40 ausgesprochen ist.

[2] Die Firma J. C o n r a d t y in Nürnberg hat mich durch Ueberlassung passender Kohlen auf das Werthvollste unterstützt, wofür ich ihr hier auf das Verbindlichste danke.

Glas- bezw. Porcellanrohr geschoben, um dessen Mitte eine dünne Lage Asbestpapier gewickelt war, da sonst Glas und Porcellan bei hohen Temperaturen an Platin anbacken. Das Mittelstück des Platinrohres wurde mit einer vielfachen Wicklung von Asbestpapier umkleidet, um seine Abstrahlung aufzuheben. Die einzelnen Maasse sind aus Fig. 5 (S. 46) ersichtlich.

Der soweit vorgerichtete Ofen wurde ein wenig gegen die Horizontale geneigt — um ein Ablaufen sich bildenden Theers in Richtung der Vorlagen zu sichern —, auf einen Ziegelstein gelegt, der eine Verbiegung des Rohres durch die eigene Schwere in der Glühhitze ausschloss, und die Eisennäpfe mit der durch die Neigung bedingten Höhenverschiedenheit, welche aus Fig. 6 (S. 46) ersichtlich ist, so daneben gestellt, dass die Kupferlaschen bequem eingesenkt werden konnten. Die Eisennäpfe, welche in Fig. 7 dargestellt sind, bestanden aus Reductionsmuffen, die auf Eisenplatten geschraubt waren. Sie waren zu $^2/_3$ mit Quecksilber gefüllt; über dem Quecksilber stand eine dünne Schicht Wasser.

An diese Contacte wurden die Kabel geklemmt, welche von den Accumulatorenbatterien herliefen. Zur Verfügung stand Anfangs nur eine Batterie der Firma Actiengesellschaft für Accumulatorenfabrication in Hagen — 36 Zellen von 36 Ampèrestunden Capacität bei dreistündiger Entladung —, welche, in Gruppen à 4 Zellen geschaltet, die Wahl zwischen den Spannungen von 8, 24 und 72 Volt liess, später ausserdem eine Accumulatorenbatterie der Elektricitätsgesellschaft Gelnhausen — 36 Zellen von 160 Ampèrestunden Capacität bei vierstündiger Entladung — Diese Batterie, in Gruppen zu 6 Elementen geschaltet, gestattete die Auswahl zwischen den Spannungen von 12, 24, 36 und 72 Volt. Die Querschnitte der Stromzuleit-

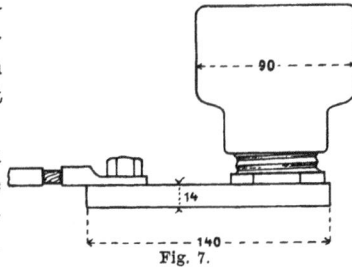

Fig. 7.

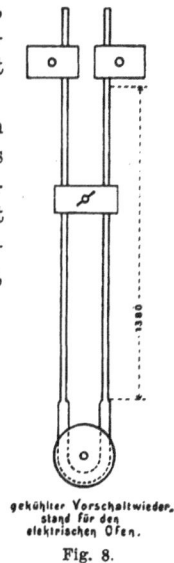

gekühlter Vorschaltwieder,
stand für den
elektrischen Ofen.

Fig. 8.

ungen waren so gewählt (75 qmm bezw. 300 qmm Kupfer), dass die Potentialverluste in der Leitung verschwindend wurden. Da nun der Ofen bei ca. 1000° einen Widerstand von etwa 0,06 Ohm besass, so veranlasste der Anschluss an die kleine Batterie bei der Schaltung auf 8 Volt einen Strom von 120 Ampère, der Anschluss an die grössere bei 12 Volt Klemmenspannung von 200 Ampère. Diese Stromstärken waren für die Erzeugung von Temperaturen bis gegen 1200° zu hoch. Zu ihrer Regulirung wurden deshalb gekühlte Widerstände benutzt, deren einfachste Form in Fig. 8 abgebildet ist. Dieser gekühlte Widerstand bestand aus zwei parallelen Messingrohren von 3 mm äusserem Durchmesser, 3,688 qmm Metallquerschnitt und 30,8 g Gewicht pro 1 m, welche unten durch ein Verbindungsstück communicirten und oben Schlauchansatzstücke trugen, welche gestatteten, Wasser hindurchströmen zu lassen. Unter dem Drucke der städtischen Leitung gingen 8,2 ccm Wasser pro Secunde durch diesen Apparat. Diese Vorrichtung besass 0,07 Ohm Widerstand. Mittelst eines kupfernen Schiebers mit Flügelschraube konnte in der aus der Zeichnung ersichtlichen Weise auf das bequemste ein beliebiger Theil des Widerstandes aus- und eingeschaltet werden. Zu seiner gänzlichen Ausschaltung wurde die Stromzu- und -Ableitung durch ein angeklemmtes starkes Messingstück verbunden.

Schnitt a. b.

Schema der Versuchsanordnung.

Eis + NaCl

Eis + NaCl

$AgNO_3 + NH_3$

verd. Schwefelsäure in Eiskühlung.

Paraffinum liquidum in Eiskühlung.

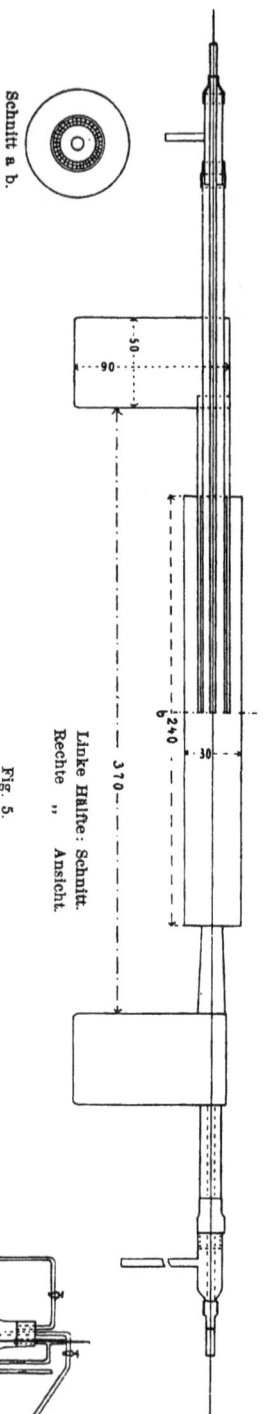

Linke Hälfte: Schnitt.
Rechte „ Ansicht.

Fig. 5.

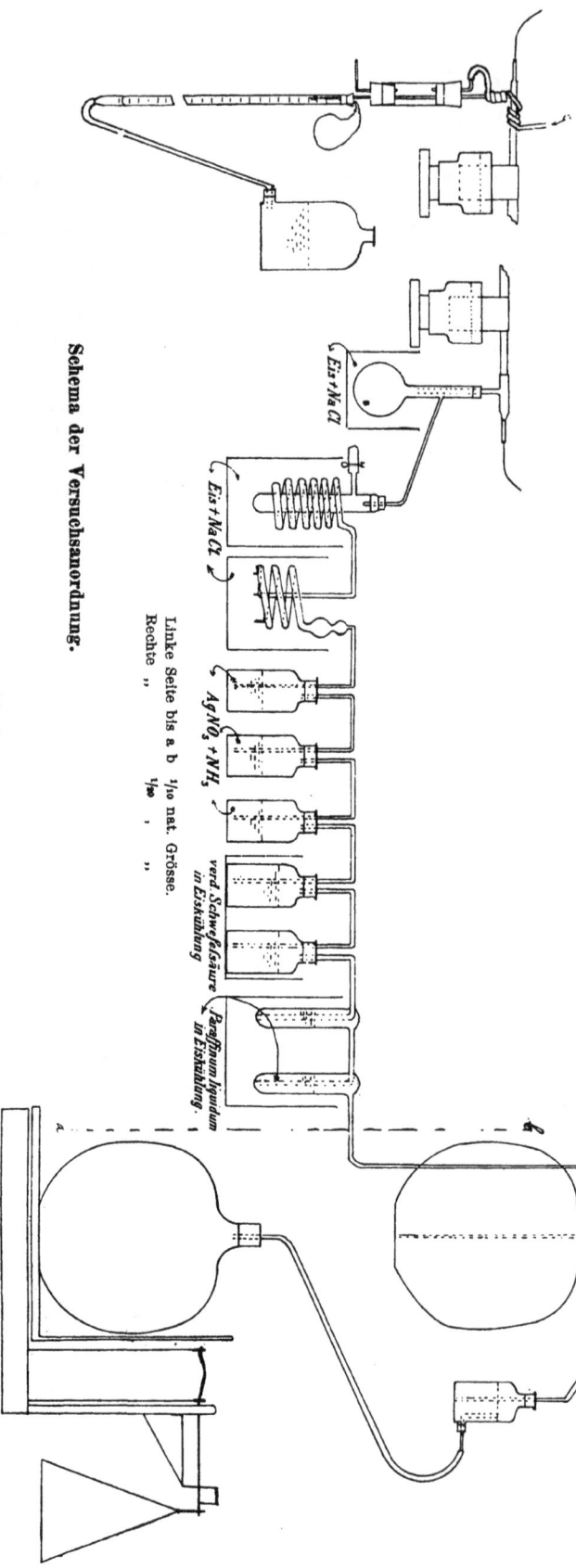

Linke Seite bis a. b. 1/10 nat. Grösse.
Rechte „ „ 1/20 „ „

Fig. 6.

50

90

370

240

30

Für Stromstärken von 60 bis 110 Ampère lieferte dieser Widerstand in Verbindung mit der auf 8 Volt geschalteten kleineren Batterie die befriedigendsten Ergebnisse. Für die grössere Batterie waren drei solcher Widerstände aus etwas weiterem Messingrohr hintereinander geschaltet. Ausser dem Widerstand befand sich im Stromkreise stets noch ein Ampèremeter.

Die Temperaturvertheilung in diesem Ofen wurde in einer im Anhang geschilderten Weise thermoelektrisch gemessen. Ihre Gestaltung vor dem Einlassen des Dampfes ist im Folgenden je in zwei Zahlenreihen mitgetheilt, von denen die obere die Entfernungen von der Mitte des Heizraumes in mm, die untere die Temperaturen an diesen Stellen in ^{0} C. angibt. Der Dampfeingang ist stets links, der Gasaustritt rechts zu denken. Die Temperaturschwankungen während des Gasdurchganges im heissesten Rohrtheile sind im Texte jeweils vermerkt.

Der Vergasungsapparat hatte in seiner früheren Gestalt das Missliche, dass die Dampferzeugung nicht stossfrei erfolgte. Dies war unerheblich, so lange die Erhitzungsgefässe eng und vielfach gekrümmt waren. Bei der Benutzung des geraden und weiteren Gascanals, welchen der elektrische Ofen bildete, wurde die Erhitzung der einzelnen Gastheile bei Dampfstössen ungleich. Die Vergasung geschah deshalb nach einem Vorschlag Bunte's vom Docht. Zu dem Ende wurde die Anordnung (Fig. 9) so getroffen, dass die in einer Bürette befindliche, zur Vergasung bestimmte Substanz durch einen weichen Baumwollendocht angesogen wurde, der in einem 8 mm weiten Glasrohr lag, welches Glas an Glas mit dem einen Ende des T-Stückes am Ofeneingang verbunden war. Dieses Glasrohr war durch einen kurzen Mantel von Glas in seinem oberen Theile eingehüllt. Ein Wasserdampfstrom, welcher durch diesen Raum geführt wurde, erhielt das innere Glasrohr und damit das obere Ende des Dochtes stets auf 100^0 C. Die Vergasung erfolgte vollständig regelmässig, wofern 'Sorge getragen wurde, dass der Flüssigkeitsspiegel in der Bürette stets durch nachgedrücktes Wasser auf derselben oder annähernd derselben Höhe gehalten wurde. Sehr zweckmässig erwies es sich, den dampfzuführenden Kautschukschlauch um das T-Stück am Rohreingang in mehreren Windungen herumzuführen. Dadurch blieb dieses so warm, dass eine Condensation des Dampfes, die wieder zu stossweisem Gange — in Folge Verflüssigung und Herabrinnen der Substanz in Tropfenform in den Ofen — führte, gänzlich unterblieb. Um das Abdunsten des Büretteninhaltes zu verhüten, wurde das den Docht führende Glasrohr dicht mittelst Stopfen in die Bürette eingesetzt. Dieser Stopfen enthielt eine zweite Bohrung, durch welche ein Glasrohr mit einem kleinen Guttaperchasack geführt war. Dieser Apparat gestattete in der bequemsten Weise eine vollständig stossfreie Vergasung und ermöglichte eine Verfolgung der Vergasungsgeschwindigkeit, indem der Stand der Flüssigkeit oben constant am Ende des dochtführenden Rohres gehalten, der Stand unten — die Grenze von Vergasungsflüssigkeit und Wasser — nach bestimmten Zeitintervallen abgelesen wurde.

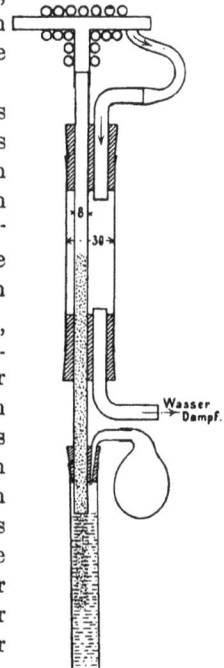

Vergasungsapparat.

Fig. 9.

Die weitere Versuchsanordnung ist aus der Zeichnung vollkommen ersichtlich. Die Benützung einer langen Condensationsstrecke hinter dem Ofen — ein Kolben und zwei Schlangen — war geboten, da hinter diesen Schlangen fünf Gefässe folgten, welche nicht gewogen waren und demzufolge einen Theerverlust bedingen mussten, wenn nicht zuvor vollständige Condensation stattgefunden hätte. Die Anordnung von Waschflaschen mit ammoniakalischer Silbernitratlösung unmittelbar hinter den Theervorlagen sicherte eine scharfe Acetylenbestimmung, während ein merklicher Verlust an Benzol nicht zu befürchten war, da die Condensation in Folge der Länge des gekühlten Gasweges eine vorzügliche, die Dampftension und dem entsprechend die Löslichkeit des Benzols eine ungemein kleine war. Die umgekehrte Reihenfolge — Paraffinöl vor der Silberlösung — würde um der erheblichen Löslichkeit des Acetylens in Paraffinöl willen einen grösseren Fehler bedingt haben.[1])

Die Wirkungsweise dieser Versuchsanordnung war eine recht befriedigende.

II.

Gasanalyse.

Die Gasanalyse wurde hier wie früher mit der Bunte-Bürette vorgenommen, die in geübter Hand das genaueste und handlichste der Instrumente ist, welche zur Analyse über Wasser in Verwendung sind.

Die Abwesenheit aller Kautschukligaturen und schädlichen Räume und die Möglichkeit, mit beliebig kleinen Mengen von Reagentien zu arbeiten, sind die Hauptvorzüge dieser Bürette. Die Behauptung, dass sie weniger genau sei, als eine andere Apparatur mit Wasser als Sperrflüssigkeit, z. B. die Hempel'sche, ist nur eine Folge fehlerhafter Benutzung. Einer der verbreitetsten Irrthümer in der Handhabung der Bürette ist der, dass die Reactionsflüssigkeiten, statt sie abzunutschen, durch Auswaschen mit Wasser entfernt werden. Eine grosse Menge an den Wänden herablaufenden Wassers veranlasst natürlich Fehler, die aber nicht der Bürette zur Last gelegt werden dürfen. Soll eine recht scharfe Bestimmung ausgeführt werden, so lässt man nur wenige Cubikcentimeter Wasser von oben längs der Wände ablaufen, die das Reagens vollkommen hinabspülen, nutscht die Flüssigkeit aus dem unteren Theil der Bürette ab und lässt Wasser von unten her einsaugen. Darauf wird der untere Hahn geschlossen, der obere geöffnet. Es tritt noch die kleine Menge Wasser nach, welche dem durch die hängende Wassersäule veranlassten Minderdruck entspricht; darauf wird der obere Hahn geschlossen und nach einer Minute abgelesen. Selbstverständlich müssen Gas, Reagentien und Wasser gleiche Temperatur haben.

Für die Sauerstoffbestimmung verwende ich meist die Bunte-Bürette in Verbindung mit der Hempel'schen Phosphorpipette, sei es, dass es sich darum handelt, bei Gasen, die bestimmt Sauerstoff enthalten, aus dem etwaigen Ausbleiben der Absorption des Sauerstoffs durch Phosphor einen Schluss auf die Anwesenheit von Bestandtheilen (Olefine) zu ziehen, welche die Aufnahme des Sauerstoffs durch Phosphor hindern, sei es, um den Sauerstoff mit Genauigkeit bis auf die letzten Spuren zu entfernen, was mittels Phosphor leichter und exacter als mit Pyragallollösung gelingt.

Bei der Untersuchung der im folgenden Theil dieser Abhandlung behandelten Gase diente die Bunte-Bürette zur Vornahme der absorptiometrischen Bestimmungen und der

---

[1]) Die Löslichkeit von Acetylen und Benzol in verschiedenen Lösungsmitteln hat Herr Eberhard Müller im hiesigen Laboratorium untersucht. Seine Versuche, welchen diese Angabe entnommen ist, werden demnächst zur Publication gelangen.

fractionirten Verbrennung. Die Bestimmung der Kohlenwasserstoffe im Gasrest aber wurde über Quecksilber vorgenommen, um ihre Schärfe zu vermehren. Dazu diente der Apparat von Pettersson-Drehschmidt[1]), welcher bei Benützung des von Drehschmidt[2]) beschriebenen Winkelmanometers eine einfache und durch Vermeidung grosser Quecksilbermassen handliche Vorrichtung für exacte Gasanalyse darstellt.

Die Ergebnisse der Verbrennung über Quecksilber erlaubten zu erkennen, dass die sog. höheren Paraffine des Gasrestes jedenfalls theilweise Nichtparaffine waren. Der Weg dazu ergab sich aus folgenden Betrachtungen.

Es sei bei der Verbrennung eines Gemenges von Paraffinen mit Wasserstoff

C die Contraction nach der Verbrennung,

K die gebildete CO_2,

V_0 der verbrauchte Sauerstoff,

x diejenige Sauerstoffmenge, welche von dem Volum des Kohlenwasserstoffgemisches bei der Verbrennung verbraucht wird, welches 1 ccm CO_2 liefert,

a die mittlere Anzahl Kohlenstoffatome im Molekül der Kohlenwasserstoffe,

H der Wasserstoff.

Dann ist

1) $\tfrac{2}{3}\left(C + K - xK - \dfrac{K}{a}\right) = H$,

2) $2(V_0 - xK) = H$; es ist ferner

3) $ax = 1{,}5\,a + 0{,}5$.

Gleichung 3) ist leicht verständlich, wenn man von den Olefinen ausgehend, die Beziehung von a zu x betrachtet. Jedes Olefin besitzt die Formel $n(CH_2)$. Jede dieser Methylengruppen liefert 1 CO_2 und verbraucht dabei 1,5 Sauerstoff. Es ist also

4) $x = 1{,}5$,

5) $ax = 1{,}5\,a$.

Ein Paraffin unterscheidet sich von dem Olefin der gleichen Reihe stets um 1 H_2, sonach ist für jedes Paraffin

3) $ax = 1{,}5\,a + 0{,}5$.

Daraus folgt 6) $a = \dfrac{0{,}5}{x - 1{,}5}$ und

7) $H = \tfrac{2}{3}(C + K - xK - 2xK + 3K) = \tfrac{2}{3}(C + 4K - 3xK)$,

$H = 2\,(V_0 - xK)$

8) $\overline{3V_0 - 3xK = C + 4K - 3xK}$, folglich

9) $3V_0 = C + 4K$,

d. h. für alle Mischungen, welche als verbrennliche Bestandtheile nur Paraffine und Wasserstoff enthalten, ist die entstehende Contraction plus dem Vierfachen der Kohlensäure gleich dem verdreifachten Sauerstoffverbrauch.

Für Glieder der Reihe $C_n H_{2n}$ nimmt Gleichung 1) die Form an:

10) $H = \tfrac{2}{3}\left(C + K - 1{,}5\,K - \dfrac{K}{a}\right) = \tfrac{2}{3}\left(C - 0{,}5\,K - \dfrac{K}{a}\right)$,

woraus unter Heranziehung von 2) folgt:

$$3V_0 - 4{,}5\,K = C - 0{,}5\,K - \frac{K}{a},$$

10a) $$3V_0 = C + 4K - \frac{K}{a},$$

---

[1]) Journ. f. Gasbel. 1889 pg. 3.

[2]) Journ. f. Gasbel. 1892 pg. 270.

d. h. sind mit den Paraffinen und dem Wasserstoff noch Glieder der Reihe Cn H₂n in den verbrennlichen Antheilen eines gasförmigen Gemisches vorhanden, so wird die eintretende Contraction plus dem Vierfachen der Kohlensäure stets grösser sein, als der dreifache Sauerstoffverbrauch.

Führt man dieselbe Betrachtung für die Reihe $Cn H_{2n-2}$ durch, so findet man

$$11) \qquad a\,x = 1{,}5\,a - 0{,}5,$$

$$12) \qquad x = 1{,}5\ -\frac{0{,}5}{\alpha},$$

$$13) \qquad C + K - 1{,}5\,K - 0{,}5\,\frac{K}{\alpha} = 3\,V_0 - 4{,}5\,K + 1{,}5\,\frac{K}{\alpha},$$

$$14) \qquad C + 4\,K = 3\,V_0 + \frac{2}{\alpha}\,K,$$

$$15) \qquad 3\,V_0 = C + 4\,K - \frac{K}{2\,\alpha}.$$

Die Gleichungen 9), 10a) und 15) zeigen ohne Weiteres, dass zwischen den Kohlenwasserstofffreien $Cn H_{2n+2}$ und allen wasserstoffärmeren ein charakteristischer Unterschied besteht, welcher die Thatsache des Vorhandenseins anderer Kohlenwasserstoffe neben Methan, seinen Homologen und Wasserstoff ohne jede absorptiometrische Trennung zu erkennen gestattet.

Aus der Gleichung 9) ergibt sich weiter, dass ein Gemisch von Methanhomologen und Wasserstoff nicht berechnet werden kann, wenn nur Contraction, Sauerstoffverbrauch und Kohlensäurebildung bekannt sind, da es entweder gar keine oder unendlich viele Mischungen aus Paraffinen und Wasserstoff gibt, welche den drei gefundenen Zahlen entsprechen. Es ist vielmehr erforderlich, noch einen von den genannten unabhängigen Werth zu kennen. Aus der Verbrennung ist ein solcher nicht zu gewinnen; die Verbrennung liefert ausser Contraction, Sauerstoffverbrauch und Kohlensäure noch das Volumen der verbrennlichen Gase und eventuell das entstehende Wasserdampfvolumen. Dass der Werth für das Volumen der verbrennlichen Gase keine Ausrechnung der Zusammensetzung des Gemisches erlaubt, ergibt sich aus folgender Betrachtung.

Bezeichnet man mit Ω die Summe von Wasserstoff und Kohlenwasserstoffen, so ist

$$H + Cn\,H_{2n+2} = \Omega,$$

$${}^3\!/_2\,H + x\,K + \frac{K}{\alpha} = C + K,$$

$$(Cn\,H_{2n+2})\,\alpha = K,$$

$$x = 1{,}5 + \frac{0{,}5}{\alpha},$$

$$\overline{}$$

$${}^3\!/_2\,H + 1{,}5\,K + \frac{0{,}5}{\alpha}\,K + \frac{K}{\alpha} = C + K$$

$${}^3\!/_2\,H + 0{,}5\,K + \frac{1{,}5}{\alpha}\,K = C,$$

$${}^3\!/_2\,H \qquad\quad + \frac{1{,}5}{\alpha}\,K = 1{,}5\,\Omega,$$

$$\overline{}$$

$$0{,}5\,K \qquad\qquad = C - 1{,}5\,\Omega.$$

$$\frac{2\,C - K}{3} = \Omega.$$

Der Verdeutlichung wegen seien im Folgenden die Werthe V_0, Ω, C, K für zwei ganz verschiedene Gemische zusammengestellt:

	V_0	Ω	C	K
2 ccm CH₄	4,0	2,0	4,0	2
4 » C₂H₆	14,0	4,0	10,0	8
5 » H	2,5	5,0	7,5	0
	20,5	11	21,5	10
3 » C₃H₈	15,0	3	9	9
1 » CH₄	2	1	2	1
7 » H	3,5	7	10,5	—
	20,5	11	21,5	10

Ganz in der gleichen Weise ergibt sich, dass sich auch aus einer etwaigen Bestimmung des Wasserdampfvolumens nichts über die Zusammensetzung des Gemisches ausmachen lässt. Ein Blick auf die Beispiele lehrt, dass die Anzahl der insgesammt vorhandenen Wasserstoffatome bei beiden die gleiche ist.

Den erforderlichen unabhängigen Werth gewinnt man am einfachsten durch die fractionirte Verbrennung des Wasserstoffs. Eine von Lewes angegebene andere Methode ist noch in Rücksicht auf ihre Exactheit zu wenig bekannt, und ihre Grundlagen sind zu delicat, um sie ohne weitere Prüfung zu benutzen. Sie beruht darauf, dass Paraffinöl einem Gemenge der Paraffine mit Wasserstoff sämmtliche höheren Paraffine vollständig, einen Theil des Methans und gar keinen Wasserstoff entzieht. Explodirt man also das mit Paraffinöl behandelte Gas, so ist alle entstehende Kohlensäure auf Methan zu beziehen, und der Wasserstoff lässt sich ohne Weiteres ableiten. Explodirt man dann eine zweite Probe ohne vorgängige Behandlung mit Paraffinöl, so ist das Ergebniss zu berechnen, weil der Wasserstoff aus der ersten Bestimmung bekannt ist.

In beiden Fällen — bei der fractionierten Verbrennung sowohl als bei dem Lewes'schen Verfahren — ist naturgemäss nur das Volumen und das Verdichtungsverhältniss der Paraffine erkennbar. Die Kohlenwasserstoffindividuen, deren Gemenge dieses Verdichtungsverhältniss und Volumen besitzt, sind nicht eruirbar.

Ueber diesen Thatbestand kommt man durch gravimetrische Bestimmungen ebenso wenig hinaus wie durch volumetrische.

Von durchgreifender Wichtigkeit für die Berechtigung der Schlussfolgerungen, welche auf die Anwesenheit von Nichtparaffinen im Gasrest gezogen werden, war es, zu entscheiden, wie Aethylen sich gegen Brom verhält; denn es war ersichtlich, dass, wenn die Absorption des Aethylens mit Brom eine unvollständige war und Aethylen in den Gasrest gelangte, nothwendig dort das Verhältniss $3 V_0 : 4 K + C$ von 1 abweichen musste. Diese Entscheidung war gleichzeitig darum von grosser Erheblichkeit, da, wenn sich erwies, dass Brom Aethylen nicht quantitativ aufnahm, eine saubere Analyse solcher Zersetzungsgase überhaupt nicht mehr ausführbar schien. Die als Ersatz des Broms dienende rauchende Schwefelsäure nämlich löst nach einer Beobachtung Engler's, die ich bestätigt fand, mechanisch höhere Paraffine so erheblich, dass mit ihrer Anwendung bei der Analyse dieser Gase eine erhebliche Fehlerquelle gegeben war.

Ueber das Verhalten des Aethylens gehen die Angaben auseinander. Während nämlich nach Treadwell und Stokes[1]) Aethylen von Brom quantitativ absor-

---

[1]) Ber. 1888 S. 3131.

birt wird, ist dies nach Winkler[1]) nicht sicher. Der Winkler'sche Einspruch hat die Verwendung des Broms in der Gasanalyse zu Gunsten der rauchenden Schwefelsäure zurücktreten lassen. Nun lassen die Beobachtungen Winkler's die Frage offen, ob das verwendete Aethylen rein war. Winkler's Darstellungsweise des Aethylens aus Alkoholdampf und Schwefelsäure schloss insbesondere die Möglichkeit ein, dass das Gas Aether enthielt. Aethylen, welches aus Aethylenbromid und Zinkstaub[2]) dargestellt wurde, zeigte sich quantitativ durch Brom absorbirbar.

Ein Gemenge von diesem Gas mit Luft gab in der Bunte'schen Bürette mit Brom 94,2 % Aethylen, in der Hempel'schen Apparatur mit einer rauchenden Schwefelsäure von so hohem Anhydridgehalt, dass sie bei Zimmertemperatur gerade flüssig blieb, 1/2 Stunde geschüttelt und drei Stunden stehen gelassen, dann über Kalilauge von Säuredämpfen befreit 94,0 % Aethylen, zwei Untersuchungen eines anderen Präparates gaben mit Brom 77,0 %, mit H_2SO_4 77,0 %. Ein Aethylen, mit Luft verdünnt, ergab

mit H_2SO_4	mit Bromwasser
10,0 %	10,0 %.

Der nach der Absorption mit Bromwasser und Kalilauge verbleibende Gasrest wurde über glühenden Platinasbest geleitet und darauf mit Kalilauge behandelt. Bei dieser empfindlichen Prüfung, bei welcher 1 ccm Aethylen eine Volumenverminderung von 4 ccm veranlasst, war nicht die mindeste Volumenabnahme zu bemerken.

Für die Reinheit des benutzten Aethylens wurde noch ein besonderer Beweis durch die Ergebnisse einer gravimetrischen Analyse erbracht, welche mit demselben Aethylen zu anderem Zwecke unternommen wurde und in der folgenden Abhandlung B Abschnitt II Versuch 7 beschrieben ist.

Bei den beschriebenen Versuchen war Aethylen mit starkem Bromwasser geschüttelt worden. Es ergab sich genau der gleiche Gehalt von 10 % Aethylen, als Bromdampf mit dem Gase 2—3 Minuten im schwachen zerstreuten Licht in innige Berührung gebracht wurde, indem halbgesättigtes Bromwasser durch vorsichtiges Neigen der Bunte-Bürette zum Hin- und Herfliessen längs der Wände gebracht wurde. Schliesslich ergab die im Folgenden beschriebene Bestimmung des Aethylens durch Titriren mit Bromdampf wiederum genau die gleiche Zahl.

Die Winkler'sche Vermuthung, dass Brom Aethylen nicht vollständig absorbirt, ist also unrichtig, und Winkler's Einspruch gegen die Verwendung von Brom bei der Gasanalyse lässt sich nicht aufrecht erhalten.

Bei dieser Gelegenheit lag es nahe, auf das Verhalten des Benzols gegen Bromdampf einzugehen, welches sowohl Treadwell und Stokes als Winkler in Gemeinschaft mit dem des Aethylens behandeln. Benzoldampf wird nach Winkler sehr unvollständig, nach Treadwell und Stokes vollständig von Brom absorbirt. Unentschieden blieb bei beiden Forschern, in wie weit das Benzol dabei bromirt wird, bezw. ob es nur bei der Niederreissung des Bromdampfes mechanisch aus dem Gase entfernt wird. Dies liess sich sicherstellen, wenn Benzoldampf mit einem gemessenen Quantum Bromwasser von bekanntem Bromgehalt in Berührung gebracht wurde, so dass Bromdampf mit dem Gase sich mischte, und der Titer dieses Brom-

---

[1]) Fresenius, Z. f. anal. Chemie 1889, 281.

[2]) Man durchfeuchtet Zinkstaub mit Alkohol, erwärmt die feuchte Masse und lässt 80 Theile Aethylenbromid, mit 20 Theilen Alkohol gemengt, eintropfen. Das Gas wird durch Olivenöl gewaschen und dann mit Kalilauge und Wasser behandelt.

wassers darauf von Neuem festgestellt wurde. Es ergab sich auf diese Weise, dass eine Berührung von Benzoldampf und Bromdampf im zerstreuten Lichte während 2 Minuten keinen Bromverbrauch veranlasste. Das Verfahren war das folgende. Es wurde durch Schütteln von käuflichem Brom mit Wasser ein halbgesättigtes Bromwasser bereitet. Der Titer dieses Bromwassers wurde mit Thiosulfat und Jodkalium[1]) ermittelt. Diese Lösung wurde in einer grossen Flasche aufbewahrt und der Titer vor und nach jedem Versuche von Neuem festgestellt. Es ist zweckmässig, ein grosses Quantum dieser Lösung herzustellen und ein grosses Gefäss zur Aufbewahrung zu nehmen, damit der Verlust an Brom, welchen die Flüssigkeit jedesmal erleidet, wenn durch Abgiessen eines Bruchtheils und entsprechendes Eindringen von Luft in die Flasche ein weiteres Abdunsten eintritt, nicht erheblich ist.

Es wurde sodann durch Auswägung der Inhalt des untersten Theils einer Bunte-Bürette vom letzten Theilstrich abwärts bis zum Hahn ermittelt.[2]) In diese Bürette wurden sodann in üblicher Weise ca. 90 ccm des zu untersuchenden Gases gebracht, und das Volumen abgelesen; darauf wurde die Bürette genau bis an den Hahn leergesogen und einige Minuten sich selbst überlassen, bis das an den Wänden nachlaufende Wasser sich von Neuem zu einem Tropfen in der Capillare über dem Hahn gesammelt hatte, dieser Tropfen wurde durch erneutes Abnutschen entfernt. Alsdann wurden ca. 35 ccm Bromwasser aus der Flasche in ein Porcellannäpfchen gegossen 10 bis 15 ccm in die Bürette eingesogen und der Stand abgelesen; nach erfolgte Ablesung wurden von unten her einige Tropfen Wasser nachgesogen, welche die in der abwärts vom Hahn befindlichen Capillare noch vorhandenen Antheile Bromwasser in die Bürette spülen. Darauf wurde die Bürette neigend hin und her bewegt, so dass das Bromwasser an den Wänden entlang lief. Das Verhältniss des zur Absorption gelangenden Gases zum verwendeten Bromwasser muss ein solches sein, dass Brom in erheblichem Ueberschusse bleibt. Nach 2 bis 3 Minuten lässt man starke Jodkaliumlösung eintreten, schüttelt mit dieser kräftig durch und entleert durch Ausspülen mit destillirtem Wasser den Inhalt der Bürette quantitativ in ein Becherglas, um den Gehalt an freiem Jod durch Thiosulfat zurückzumessen. Gleichzeitig wird der herrschende Druck und die Temperatur des Gases bezw. die Zimmertemperatur beobachtet. Vor und nach der Bestimmung entnimmt man in gleicher Weise, um den Einfluss des Abdunstens beim Ausgiessen aufzuheben, aus einem Porcellannäpfchen, in das man 30 bis 40 ccm Bromwasser abgegossen hat, sofort nach dem Abgiessen mittelst einer mit Bromwasser ausgespülten Pipette 10 ccm, die man in Jodkalium einlaufen lässt und wie üblich titrirt, die Pipette muss zur Entfernung des Broms ausgeblasen werden. Man bedarf deshalb zu dieser Manipulation solcher Pipetten, deren Gehalt unter Berücksichtigung des Ausblasens calibrirt ist. Das Aufsaugen des Bromwassers kann ohne merkliche Belästigung direct mit dem Munde geschehen. Für die Berechnung der Gasanalyse wird das Mittel aus den beiden Titrationen des Bromwassers vor und nach der Analyse des Gases, die bei Beobachtungen der beschriebenen Vorsichten nur sehr wenig differiren, benutzt.

---

[1]) Die directe Titration von Bromwasser mit Thiosulfat liefert nicht die der Formel $Na_2 S_2 O_3 + 8 Br + 5 H_2 O = 2 Na H SO_4 + 8 Br H$ entsprechenden, sondern etwas niedere Werthe, während gleichzeitig eine schwache milchige Ausscheidung von Schwefel eintritt.

[2]) Geschieht das Auswägen mit $H_2 O$, so muss berücksichtigt werden, dass stets noch etwas Wasser nach dem ersten Auslaufen, von den Wänden ablaufend, sich sammelt, das nicht vernachlässigt werden darf.

Die Berechnung geschieht in folgender Weise:

Angewandtes Gas = Aethylenluft (1 : 10).

Gasvolumen = 90,0 ccm.

Ablesung des Standes des eingesogenen Bromwassers 9,9 ccm Temp. $22^{1}/_{2}°$ C.

Ungetheilter Raum der Bürette . . . . 5,63 » Druck 758 mm

Angewandtes Bromwasser . . . . 15,53 ccm

Titer des Bromwassers 10 ccm Bromwasser = 11,78 ccm Thiosulfat, fgl. 15,53
 Bromwasser = 18,29 Thiosulfat.

Zur Rückmessung verbraucht Thiosulfat 11,09:

18,29

— 11,09

Verbraucht Thiosulfat . . = 7,2 ccm.

1 l Thiosulfat entspricht 12,7814 g Jod = 8,0768 g Brom;

1 l Bromdampf bei $22^{1}/_{2}°$ C. und 758 mm Druck feucht wiegt = 6,4112 g;

fgl. 6,4112 g Brom = 1 l Aethylen unter $22^{1}/_{2}°$ C., 758 mm feucht;

fgl. 7,2 ccm Thiosulfat = 9,07 ccm = 9,98 % Aethylen.

Von den Einzelbestimmungen seien eine Anzahl hier angeführt.

Untersuchtes Gas = Benzolluft:

Gehalt an Benzol darin ermittelt durch Absorption mit rauchender Schwefelsäure   = 2,5 %

2,6 %.

Ausgewogener Untertheil der Bürette

= 6,834 g Wasser bei 20°.

Titer der Thiosulfatlösung:

1 l = 12,7814 g Jod = 8,0768 g Brom.

Titer des Bromwassers: 10 ccm Bromwasser verlangen:

	1. Vor	2. Nach
	der Berührung mit Benzolluft:	
	8,43 ccm	8,43 ccm Thiosulfat
	8,40 »	
	8,42 »	8,45 » »
	8,45 »	8,50 » »
	8,51 »	

Für die unter 2. angeführten Bestimmungen wurden jedesmal nahezu 10 ccm
 in die Bürette eingesogen, und das Ergebniss auf 10 ccm umgerechnet.

Angewandt = Aethylenluft:

Gehalt an Aethylen mit Brom und Kalilauge bestimmt 9,9 %; 10,0 %;

Mit Bromwasser titrirt 9,97 %, 9,88 %.

Bromtiter: 10 ccm Bromwasser = 11,67 Thiosulfat.

Gehalt an Aethylen mit Brom und Kalilauge bei einer Reihe von Bestimmungen gefunden 10,7 bis 11 %;

mit Bromwasser titrirt   1. 10,93 %

2. 10,77 %

3. 10,82 %.

Bromtiter bei	1.	10 ccm Bromwasser	= 8,42	
	2.	» »	= 8,40	} Thiosulfat.
	3.	» »	= 8,00	

Diese Methode wurde auf Leuchtgas übertragen und folgende Ergebnisse erhalten:

Angewandte Gasmenge	Temp. °C.	Druck mm	Angewandte Brom-wassermenge, aus-gedrückt in Aequiva-lenten Thiosulfat	Verbrauchte ccm Bromwasser, aus-gedrückt in Aequiva-lenten Thiosulfat	Aethylen
1. 88,4 ccm	23,5°	757,5	13,17 ccm	2,68 ccm	3,84%
2. 92,0 »	»	»	13,85 »	2,80 »	3,86%
3. 90,8 »	»	»	12,71 »	2,76 »	3,85%

Drei Bestimmungen des Gehaltes an schweren Kohlenwasserstoffen mittels Brom und Kalilauge ergaben

$$\% \, C_n H_{2n} \quad 4,5\%$$
$$4,3\%$$
$$4,4\%$$

Die unmittelbar gemessenen Zahlen waren in diesem Falle die folgendent

1. Gas 88,4 ccm; angewandte Menge Bromwasser 11,43 ccm; verbrauch: Thiosulfat 10,49 ccm; 10 ccm Bromwasser = 11,52 ccm Thiosulfat, Temp. 23 1/2°; Bar. 757,5. 1 l Thiosulfat = 8,0768 g Brom.
2. Gas 92,0 ccm; angewandte Menge Bromwasser 11,98 ccm; verbraucht Thiosulfat 11,05; 10 ccm Bromwasser = 11,56 ccm Thiosulfat. Temp. 23 1/2°; Bar. 757,5. 1 l Thiosulfat = 8,0768 g Brom.
3. Gas 90,8 ccm; angewandte Menge Bromwasser 11,43 ccm; verbraucht Thiosulfat = 9,95; 10 ccm Bromwasser = 11,12 ccm Thiosulfat. Temp. 23 1/2°; Druck 757,5. 1 l Thiosulfat = 8,0768 g Brom.

Bei 2. und 3. wurde auch der Stand des Gases in der Bürette beobachtet, nachdem mit JK durchgeschüttelt und durch Oeffnen des oberen Hahnes Druck-ausgleich bewirkt war. Es ergaben sich bei 2. 4,3% absorbirt, bei 3. 4,45%, also genau übereinstimmend mit dem durch Brom und Kalilauge ermittelten Gesammt-gehalt an schweren Kohlenwasserstoffen. Offenbar war beim Niederreissen des Brom-dampfes durch die Jodkalium-Lösung Benzol ebenso mitgerissen worden, wie beim Behandeln mit Kalilauge.

Die Frage nach der Vollständigkeit der Benzolniederreissung bei der Entfernung der schweren Kohlenwasserstoffe mit Brom und Kalilauge blieb unverfolgt, da in den Versuchsgasen Benzol durch Paraffinöl vor der Aufsammlung entfernt war.

Die Bestimmung des mittleren Moleculargewichtes geschah in derselben Weise, wie früher beschrieben wurde.

Einige Versuche über Acetylen, welche später beschrieben sind, machten quanti-tative Trennungen von $C_2 H_2$, $C_2 H_4$ und kleinen Mengen CO nöthig.

Die zweckmässigste volumetrische Scheidung ist die über Hg. Kohlensäure wird durch eine sehr kleine Menge KOH absorbirt, Aethylen darauf mit ammoniaka-lischer Silberlösung aufgenommen. Man verwendet Silberlösung von bekanntem Gehalt und in solcher Menge, dass nur ein geringer Uberschuss über den zur Acetylensilberbildung erforderlichen Betrag vorhanden ist. Die Bemessung der Silbermenge erfolgt auf Grund eines Vorversuchs. Das Gas wird mit verdünnter Schwefelsäure vom Ammoniak befreit, gemessen und zum aliquoten Theil über eine kleine Menge ammoniakalischer Kupferchlorürlösung geführt. Bildung feiner rother Schüppchen von Acetylenkupfer verräth die geringste Unvollständigkeit der Acetylenabsorption. In einer anderen Probe wird in üblicher Weise mit Kalilauge, Bromwasser, Kupferchlorür zuerst Kohlensäure, dann die Summe von Acetylen und

Aethylen, schliesslich CO bestimmt. In vielen Fällen lässt sich Acetylen neben Olefinen in der eben beschriebenen Weise titrimetrisch bestimmen.

III.

Als erste Aufgabe galt es, die Beobachtungen, welche im Theil II geschildert sind, mit der veränderten Apparatur zu bestätigen. Da der Heizraum hier weiter und kürzer und nicht gekrümmt, sondern gerade war, durfte erwartet werden, dass die Zersetzungstemperatur etwas höher liegen würde.

Einige Vorversuche ergaben, dass bei 606⁰, der gehegten Vermuthung entsprechend, keine erhebliche Zersetzung des Hexandampfes eintrat und dass es erforderlich war, bis 700⁰ zu gehen, um sie zu veranlassen; die Zusammensetzung der Zersetzungsgase und ihr specifisches Gewicht stimmten mit den früheren Ergebnissen überein. Ein genauer durchgearbeiteter Versuch, bei welchem gleichzeitig der Wunsch bestand, durch eine einwandfreie Bestimmung den Umfang der Acetylenbildung sicher festzustellen, führte zu folgendem Ergebniss. Es wurden 63,98 g = 96,5 ccm Hexan in 3 Stunden 45 Minuten vergast, entsprechend einer mittleren Zufuhr von 75 ccm Hexandampf pro Minute.

Die Temperatur an der Löthstelle schwankte zwischen 780⁰ und 810⁰. Hinter dem Vergasungsapparat befanden sich die in der Fig. 6 angegebenen Theervorlagen und die fünf Gefässe, welche der Auffangung des Acetylens und der Absorption des Ammoniaks dienten. Die Paraffinflaschen waren weggelassen. Es wurden 39,047 l,)bezogen auf 0⁰ in 760 mm) eines Gases erhalten, dessen Zusammensetzung die folgende war:

$Cn H_{2n}$	44,83%		49,81%
Kohlenwasserstoffe des Gasrestes	40,0 »		44,41 »
H	5,0 »	berechnet auf	5,56 »
CO	0,2 »	luftfreies Gas	0,2 »
O	2,43 »	(mit Pyrogallol bestimmt, da Phosphor nicht absorbirte)	[1]
N	7,62 ».		

Der Nachweis der Nichtparaffine im Gasrest über Quecksilber gelang mit aller Schärfe. Die Zahlen waren:

Angewandt Gas	8,02	C	= 13,60
+ Luft (87,53)	95,55	K	= 8,07
Nach Verbrennung Contraction bis	81,95	V_0	= 14,81
» Behandlung mit Kalilauge	73,88	$3 V_0$	= 44,43
» » » Pyrogallol	70,40	$4 K + C$	= 45,88

$$3 V_0 < 4 K + C.$$

Von den angewandten 8,02 waren

N	1,164
H . . , . . .	0,755
Kohlenwasserstoffe . .	6,10

Das Volumen der Kohlenwasserstoffe ist berechnet aus der Differenz zwischen angewandtem Gase und der Summe von N + H, von denen H aus der fractionirten

---

[1] O und N sind als Luft zusammengenommen

$$= 10,05 \text{ Luft gefunden} \begin{cases} 2,43 \text{ O} \\ 7,62 \text{ N} \end{cases} \text{berechnet} \begin{cases} 2,1 \\ 7,95. \end{cases}$$

Verbrennung, N aus der Verbrennung über Quecksilber hervorgeht. Ihr mittlerer Sauerstoffverbrauch folgt daraus zu 2,37.

Das specifische Gewicht des Gases feucht gegen feuchte Luft betrug 1,01[1]).

Für die Berechnung des mittleren Moleculargewichtes ist aus dem Sauerstoffverbrauch der Paraffine ein Vertheilungsverhältniss

$$\left.\begin{array}{l} \text{von Methan } 75{,}4\,\%\\ \text{» Aethan } 24{,}6\,\% \end{array}\right\} \text{ in 100 Theilen}$$

der Kohlenwasserstoffe abgeleitet. Es ist früher dargethan worden, dass es für die Berechnung des Gesammtgewichts der Paraffine gar nichts ausmacht, ob das Vertheilungsverhältniss für Methan und Aethan oder für Methan und ein anderes höheres Paraffin ausgerechnet wird. Eine gleichartige Betrachtung ergibt, dass die Vernachlässigung des Umstandes, dass die genannten höheren Kohlenwasserstoffe zum Theil anderen Gruppen angehören als den Paraffinen, für die Berechnung des mittleren Moleculargewichts der Olefine ebenfalls ganz unerheblich ist. Eine Aenderung um einige Zehntel erfährt der Werth dieses Moleculargewichts, wenn statt aus dem Werthe für den Sauerstoffverbrauch aus dem für die Kohlenstoffdichte im Molekül ein Vertheilungsverhältniss für Methan und Aethan abgeleitet wird. Lägen ausschliesslich höhere Paraffine vor, so würde das gleiche Vertheilungsverhältniss sich aus beiden Werthen berechnen. Da andere Kohlenwasserstoffe vorhanden sind, ist das nicht der Fall. Für die vorstehende Analyse ist die Kohlenstoffdichte $\frac{8{,}07}{6{,}10}$,

woraus für $\left.\begin{array}{l} CH_4 \quad 67{,}7\,\%\\ C_2H_6 \quad 32{,}3\,\% \end{array}\right\}$ in 100 Theilen folgen.

Da die Rechnung in früheren Fällen aus dem Sauerstoffverbrauch hergeleitet ist, geschieht dies hier gleichfalls.

Danach ergibt sich das mittlere Moleculargewicht der Olefine $= 39{,}2$.

Die Zusammensetzung des Theers, dessen äusserer Habitus durchaus derselbe wie bei früheren Zersetzungen war, verrieth einen etwas kleineren Gehalt an unverändertem Ausgangsmaterial, als er bei früheren Versuchen beobachtet war, da pro 1 ccm 0,56 g Brom zur Bromirung gebraucht wurden. Die Benzolbestimmung im Theer nach der Ausschüttelmethode ergab das Vorhandensein von 2,6 g Benzol.

So waren alle Bestimmungen in naher oder vollkommener Uebereinstimmung mit den früheren Ergebnissen, nur die Acetylenbestimmung fiel etwas höher aus, indem 0,514 g Chlorsilber entsprechend 0,0466 g Acetylen $= 40{,}1$ ccm sich ergaben, da der Verlust durch Lösung im Sperrwasser vermieden war. Die Gewichtsmenge des Acetylens bleibt danach ausgedrückt in Procenten des Ausgangsmaterials noch immer verschwindend klein.

Schema Nr. 1.

128	105	96	85	75	55	45	35	25	15	0	12	25	40	50	60	70	80 mm.
690	715	740	750	760	770	775	785	795	802	807	807	803	782	765	735	695	630 °C.

Ein zur Controle der gasanalytischen Ergebnisse unternommener zweiter Versuch ergab ein Gas folgender Zusammensetzung. Die Temperatur bei der er unternommen

---

[1]) Das Gas war über kohlensäurehaltiger Kochsalzlösung aufgefangen, enthielt daher 0,6 % CO_2. Diese Kohlensäure ist in der Gasanalyse nicht aufgeführt, weil sie kein Zersetzungsproduct des Hexans ist; bei der folgenden Berechnung des mittleren Molekulargewichts ist sie aber berücksichtigt.

wurde, geht aus dem Schema (Nr. 1) hervor, welches während des Gasdurchganges aufgenommen wurde.

$Cn\,H_{2n}$	45,8 %		50,08 %
Kohlenwasserstoffe			
im Gasrest	31,32 »		34,25 »
H	11,41 »		12,55 »
O	1,78 »	berechnet	0,68 »
CO	0,63 »	für luftfreies Gas	
N	9,06 »		2,47 »

Die Verbrennung über Quecksilber ergab:

Angewandtes Gas	10,18	
+ Luft (86,52)	96,70	$C = 16,85$
Nach Verbrennung Contraction bis	79,85	$K = 9,15$
» Behandlung mit Kalilauge	70,70	$V_0 = 17,58$
» » » Pyrogallol	70,20	$3\,V_0 = 52,74$

$$4\,K + C = 53,45$$
$$3\,V_0 < 4\,K + C$$

In 10,18 Gas waren

H	2,23
N	1,76

Kohlenwasserstoffe 6,19

Mittlerer Sauerstoffverbrauch 2,66.

Mittlere Kohlenstoffdichte der sogenannten Paraffine $\frac{9,15}{6,19} = 1,48$.

Die Daten liegen ebenso wie die des vorangehenden Versuches denen sehr nahe, welche bei den früheren Versuchen ermittelt wurden.

Die Gleichung $3\,V_0 = 4\,K + C$ ist bei diesem, wie beim vorangehenden Gas deutlich nicht erfüllt.

Bei diesem Versuche wurde der gewonnene Theer destillirt. Er begann bei 36^0 zu sieden und war bis 80^0 vollständig flüchtig.

Die Untersuchung wurde bei einer Temperatur zwischen 900^0 und 1000^0 fortgesetzt.

Schema Nr. 2,
aufgenommen vor Beginn der Zersetzung

90 80 70 60 50 40 30 20 10 0 10 20 30 40 50 60 70 80 90 100 110 mm
778 820 859 880 902 918 925 930 930 935 935 930 925 920 910 898 876 850 825 780 720 ^{0}C.

Die Versuchsanordnung dafür entsprach genau der Fig. 6. Den Temperaturverlauf vor der Vergasung im Rohr, zeigt Schema Nr. 2. Die Temperaturschwankungen, während des Gasdurchganges lagen zwischen 930^0 und 950^0 C. Vergast wurden während 113 Minuten 30,8 ccm Hexan = entsprechend 20,42 g und es wurden 19,4 l Gas von 25^0 und 760 mm = 17,142 l, bezogen auf 0^0 und 760 mm erhalten. Die Vergasungsgeschwindigkeit und die Gasbildung wurden in der Weise controllirt, dass jeweils, wenn die Gewichtszunahme des Ballons, welcher auf der Waage stand und das ablaufende Wasser des oberen Gasometers aufnahm, 1 kg erreichte, Zeit und Volumen des noch vorhandenen Hexans abgelesen wurden. Zur Illustration diene das folgende Versuchsprotocoll. Dabei ist zu bemerken, dass die Ablesung des Hexanvolumens stets so erfolgte, dass der obere Hexanspiegel regulirt wurde, bis er das Ende des dochtführenden Glasrohrs erreichte und als dann die untere Hexangrenze abgelesen und notirt wurde. Diese Einstellung und Ablesung muss naturgemäss sehr rasch geschehen, da die Aufmerksamkeit des Beobachters dem Vorgang der Vergasung nicht längere Zeit entzogen werden darf. Die Schwankungen aufeinander folgender Ablesungen rühren deshalb von kleinen Einstellungs- und Ablesungsungenauigkeiten her.

Zeit	Beginn 4 h 40 m Stromstärke des Heizstroms Ampère	Stand der unteren Hexangrenze	Stromstärke 80 Ampère Gewicht des Ballons in welchem das Wasser ablief	Mikrovolt ab- gelesen am Galvanometer
4 h 42 m			9 000 g	8 950
4 » 49 »	Von 80 auf 85 regulirt	95,3	10 000 »	8 700
4 » 55 »	Von 85 auf 82 regulirt	94,0	11 000 »	9 100
5 » 01 »	82	92,1	12 000 »	9 000
5 » 06 »	»	91,0	13 000 »	9 000
5 » 12 »	»	90,0	14 000 »	8 900
5 » 16 »	»	88,0	15 000 »	—
5 » 22 »	»	86,3	16 000 »	9 000
5 » 28 »	»	85,0	17 000 »	9 200
5 » 34 »	»	83,2	18 000 »	9 200
5 » 39 »	»	82,0	19 000 »	9 090
5 » 45 »	»	80,0	20 000 »	9 100
5 » 49 »	»	79,0	21 000 »	8 980
5 » 53 »	»	77,8	22 000 »	8 900
5 » 59 »	»	76,5	23 000 »	9 000
6 » 05 »	»	74,9	24 000 »	9 120
6 » 11 »	»	73,0	25 000 »	9 100
6 » 16 »	»	71,6	26 000 »	—
6 » 20 »	»	70,5	27 000 »	—
6 » 26 »	»	69,0	28 000 »	8 950

Ende 6 h 34 m.

Die während des Versuches dem Rohr entquellenden Zersetzungsproducte waren leicht gelb gefärbt. Aus den Condensationsvorlagen traten sie vollkommen farblos aus; ihr Durchgang durch die Silberlösung rief einen weissen Niederschlag von Acetytensilber hervor.

Das aufgefangene Gas hatte folgende Zusammensetzung:

Olefine	17,35 %		19,33 %
CH_4	41,59 »		46,33 »
H	29,1 »	bezogen auf	32,42 »
CO	0,2 »	luftfreies Gas	0,22 »
Luft	10,24 »		
CO_2	0,51 »		0,57 »
N	1,00 »		1,12 »

Die Verbrennung über Hg lieferte folgende Werthe:

I.

	Gas	10,26		
	+ Luft (84,62)	94,88	K	= 5,42
Nach Verbrennung	Contraction	78,50	C	= 16,38
nach Behandlung mit	Kalilauge	73,08	V_0	= 12,67
»　　　»　　　»	Pyrogallol	68,07	$3\ V_0$	= 38,01
			$4\ K + C$	= 38,06

$$3\ V_0 = 4\ K + C$$

Von angewandten 10,26 Gas waren:

$$N \qquad 1,13$$
$$H \qquad 3,743$$

Kohlenwasserstoffe 5,387

Sauerstoffverbrauch der Kohlenwassersoffe = 2,003

Kohlenstoffdichte　　　　　　　　　　　= 1,007

II.

Gas	10,22			
+ Luft (84,13)	94,35	K	= 5,42	
Contraction	78,20	C	= 16,15	
Kalilauge	72,78	V_0	= 12,58	
Pyrogallol	67,78	$3\ V_0$	= 37,74	
		$4\ K + C$	= 37,83	

$$3\ V = 4\ K + C$$

Von 10,22 angewandten Gas waren

$$N \quad 1,23$$
$$H \quad 3,724$$

5,266 Kohlenwasserstoffe.

Mittlerer Sauerstoffverbrauch der Kohlenwasserstoffe = 2,035

»　　Kohlenstoffdichte　　　　　　　　　1,02

Es liegt also nur CH_4 vor.

Das specifische Gewicht des Gases feucht gegen feuchte Luft war 0,5524 bei 19,7° C, woraus für trocknes Gas gegen trockne Luft 0,5496 folgt. Das mittlere Moleculargewicht der Olefine berechnet sich zu 30,46, also recht nahe dem Moleculargewicht des Aethylens.

Für die Aufstellung einer Bilanz war zu berücksichtigen, dass die 8 Vorlagen vor Beginn des Versuches mit Luft, nach Beendigung mit Zersetzungsgas gefüllt waren, während ihre ursprüngliche Luftfüllung in den Sammelballon übergeführt worden war. Wenn alles gebildete Gas und keine Luft aus den Vorlagen in den Sammelballon gelangt wäre, so würde demnach in demselben das gleiche Gasvolumen aber eine andere Gaszusammensetzung gefunden worden sein, und zwar diejenige, welche für luftfreies Gas berechnet wurde. Da die Luft schwerer war als das Versuchsgas, so würde das Gasgewicht etwas niederer sein. Dieses Gasgewicht ist aus der Zusammensetzung des luftfreien Gases und aus dem Volumen des Gases leicht zu berechnen und als »corrigirtes Gasgewicht« in die Bilanz eingesetzt. Die Gewichte aller Einzelbestandtheile des Gases in der Bilanz sind aus diesem »corrigirten Gasgewicht« hergeleitet.

Die Gewichte der Vorlagen bedürfen keiner Umrechnung, da beim Auseinandernehmen sich ihr Gasinhalt an Versuchsgas entsprechend der Leichtigkeit des
Versuchsgases gegen Luft austauschte.

Beim Auseinandernehmen der Apparatur zeigte sich das Rohr durch eine erhebliche Kohleausscheidung verschlossen, welche durch Sperrung des Gasdurchganges
frühzeitiges Abbrechen des Versuches erforderlich gemacht hatte. In den gekühlten
Vorlagen hatte sich ein brauner, zum Theil krystallinisch in der Kälte erstarrender
Theer gebildet, welcher nach Naphtalin roch, während einige kleine aber deutlich
ausgebildete Naphtalinkrystalle am Rohrausgang sassen. Die Gewichtszunahme der
einzelnen Theile betrug

Vergast 20.42 g

Rohr	1,65	g
Theer-Vorlagen	6,24	»
Paraffinöl	0,706	»
Acetylengewicht berechnet aus dem		
gefundenen Cl Ag . . . . , . . .	0,229	»
Gasgewicht corrigirt	11,063	»
	19,89	g

Die weitere Untersuchung wurde darauf gerichtet, die Menge der Kohle kennen zu
lernen, welche als solche abgeschieden war. Ihrem äusseren Habitus nach bestand
dieselbe in der Mitte des Heizkanals aus einem glanzlosen lockeren Pulver, während
sie an der äusseren Rohrwandung in Form eines dichten Ueberzugs haftete, dessen
an der Rohrwand anliegende Seite vollkommen spiegelnd war. Das Auftreten
dieser spiegelnden Kohle, welche den Glanz und die Gleichmässigkeit polirten Glases
besitzt, wurde bei späteren Versuchen sehr oft wieder beobachtet. Zur Entfernung
des Theers aus dem Rohr, bezw. aus der Kohle, welche zum Theil damit durch-
tränkt war, wurde das Rohr mit warmem Chloroform so lange extrahirt, bis das ablaufende Chloroform nichts mehr auflöste. Das Chloroform riss einige Kohlentheilchen
mit, die abfiltrirt, mit Chloroform gewaschen und in das Rohr zurückgegeben wurden.

Mittelst eines trockenen Luftstromes wurde das im Rohr haftende Chloroform
nun entfernt und darauf die darin verbliebene Kohle durch Verbrennung im Sauer-
stoffstrome in Kohlensäure bezw. Wasser übergeführt. Als Verbrennungsofen diente
dabei der auf ca. 800° erhitzte elektrische Ofen. Die in der bei der Elementar-
analyse üblichen Weise (wegen der grossen Kohlensäuremenge wurden zwei Kaliapparate benutzt) aufgefangenen Verbrennungsprodukte ergaben

$$\left. \begin{array}{l} 0{,}6604 \text{ g C} \\ 0{,}0073 \text{ g H} \end{array} \right\} 0{,}6677 \text{ g Kohle}$$

Um jeden Zweifel an der Zuverlässigkeit der Bestimmung auszuschliessen, wurde
nach ihrer Beendigung der Chlorgehalt und die Alkalinität der Kalilauge im ersten
der vorgeschalteten Kaliapparate maassanalytisch bestimmt und mit den Werthen
für die ursprüngliche Kalilauge verglichen. Es fand sich, dass keine Zunahme an
Chlor bezogen auf die gleiche Alkalinität stattgefunden hatte. Es war also das
Chloroform zuvor quantitativ entfernt worden. Der Theer-Rückstand, welchen das
Chloroform hinterliess, wog 0,119 g. Die Summe 0,6677 + 0,119 g = 0,7867 g deckt
sich nicht mit der Gewichtszunahme des Rohres = 1,65 g, weil in deren Bestimmung
die Gewichtszunahme des T-Stückes am Rohrausgang einbegriffen ist. Der Extraction
wurde aber nur das Rohr selbst unterworfen, während der im vorderen T-Stück
haftende Theer mit dem in den Vorlagen befindlichen gemeinsam weiter verarbeitet

wurde. Dieser Theer gestattete keine andere Weiterverarbeitung als die durch Nitrirung. Er wurde desshalb theils durch Ausgiessen, theils durch Ausspülen mit Salpetersäure in einen Kolben überführt, in dem er vorsichtig Anfangs in der Kälte, dann bei steigender Temperatur schliesslich 10 Minuten bei 90⁰ der Nitrirung unterlag. Das Nitrirgemisch wurde darauf fast neutralisirt, Nitrobenzol mit Wasserdampf abgeblasen, aus dem Destillat ausgeäthert, der Aether getrocknet, abgetrieben und der Rückstand gewogen. Dieser Rückstand = Rohnitrobenzol wog 2,893 g. Ein merklicher Gehalt an unverändertem Ausgangsmaterial im Theer hätte sich an dieser Stelle durch einen merklichen Vorlauf bei der Destillation unterhalb des Siedepunktes des Nitrobenzols verrathen müssen. Ein Vorlauf fehlte indessen fast gänzlich und es sotten 75⁰/₀ des Rohnitrobenzols bei dem Siedepunkte der reinen Verbindung. Ein kleiner, höher siedender Antheil und eine Spur kohliger Rückstand verriethen die Anwesenheit complicirterer Gebilde. In der Bilanz fungirt deshalb später das ³/₄ dieses Rohnitrobenzols entsprechende Benzolgewicht als Minimalwerth, während das dem Gesammtgewicht des Rohnitrobenzols entsprechende Benzolgewicht plus der Gewichtszunahme der Paraffinflaschen als Maximalwerth gesetzt ist. Der nach der Nitrirung und Destillation mit Wasserdampf unflüchtig verbleibende Rückstand bildete einen schwarzen, bröckligen Cokeklumpen.

Den aus der Kohle im Rohr extrahirten Theer (0,119 g) der Nitrirung zwecks Benzolbestimmung zu unterwerfen, war nicht erforderlich, da er nur sehr schwerflüchtige Bestandtheile enthielt.

Die Ergebnisse des Versuches sind danach in Summa die folgenden:

Vergast 20,42 g.   Erhalten:

Methan	5,670	g
Corrigirtes Gasgewicht = 11,063 g, davon { Olefine	4,522	»
Wasserstoff	0,498	»
Acetylen	0,229	»

Kohlenstoff	0,6604		
Wasserstoff	0,0073	} = Kohle	0,6677 »

Theer = 7,224 g { Davon Benzol 75⁰/₀ des Rohnitrobenzols . . 1,38 »
andere Producte . . . . 5,844 »
Paraffinöl Zunahme (theilweise Benzol) . . . 0,706 »

19,89 g

oder in Procenten
Vergast 100⁰/₀   Erhalten

Methan	27,77⁰/₀
Olefine	22,14⁰/₀
Acetylen	1,1⁰/₀
Wasserstoff	2,44⁰/₀
Benzol	6,76 (bis 10⁰/₀)
Kohle	3,27⁰/₀
Theer	29,22⁰/₀

Dieses Ergebniss ist nicht mehr durch eine Zerfallsgleichung mit der Hexanformel in Zusammenhang zu bringen. Die Methanmenge ist gegenüber den Verhältnissen bei niederer Temperatur stark gewachsen und erreicht fast 2 Methan pro 1 Hexan = 37,2⁰/₀. Die gasförmigen Olefine machen nicht mehr ein 1 Molekül pro 1 Molecül Hexan aus, denn die Entstehung eines Aethylens aus einem Hexan würde bereits 32,6 Gewichtsprocent Olefine ergeben.

Von Wichtigkeit ist, dass bei den Paraffinen neben dem niedersten Glied Methan höchstens Spuren höherer Glieder bestehen bleiben, während bei den Olefinen neben Aethylen nur verschwindende Mengen höherer Olefine zuzulassen sind. Die beim Aethylen früher gefundene Erscheinung der vollständigen Absorption durch Brom wird hier durch den Umstand bestätigt, dass $3 Vo = 4 K + C$ ist, was nicht der Fall sein könnte, wenn Aethylen im Gasrest noch vorhanden wäre.

Die entstehenden Mengen Acetylen, Benzol, Kohle und Wasserstoff entsprechen, selbst wenn sie auf einen Vorgang bezogen und zusammengerechnet werden, auch bei dieser Temperatur nur einer Nebenreaction. Als Hauptproduct erscheint neben Methan und Aethylen ein sehr complicirter Theer, der um seiner Eigenheit willen, bei der Nitrirung zu verkohlen, nicht wohl als ein Gemenge aromatischer Kohlenwasserstoffe, sondern wahrscheinlicher als ein Condensationsproduct olefinischer Natur anzusehen ist. Die Acetylenbildung und insbesondere die Benzolbildung ist gegenüber der bei niederer Temperatur vermehrt und ihre Bedeutung für den Carburationswerth des Oelgases ist nicht mehr zu vernachlässigen.

Für die technische Nutzbarmachung ist der Zersetzungsprozess unzweifelhaft bereits zu weit vorgeschritten, der Gewinn an Acetylen und Benzol deckt nicht entfernt den Verlust, der aus dem Fehlen an Olefinen erwächst.

Gegen das Ergebniss des bei ca. 1190⁰ im Eisenrohr unternommenen Versuches gehalten, lehren diese Beobachtungen, dass mit der Temperatur von 940⁰ der Zersetzungszustand die Grenze erreicht, bis zu welcher die Zerlegung des Hexans fortschreiten kann, ohne dass eine wesentliche Zerstörung der organischen Gebilde unter Zerfall in Kohlen- und Wasserstoff erfolgt.

Die Untersuchung wurde jetzt auf das Trimethyläthylen ausgedehnt und zwar aus folgenden Erwägungen.

1. Das Trimethyläthylen erscheint zu einem unmittelbaren Uebergang in Benzol ganz und gar nicht befähigt. Lieferte es erheblich weniger Benzol als Hexan, so war eine specifische Tendenz zur Benzolbildung beim Hexan — ein directer Uebergang — anzunehmen, lieferte es die gleichen Mengen, so war das Gegentheil der Fall. Es ergab sich, dass beide Kohlenwasserstoffe gleichmässig Benzol bilden. Da sie in ihrer Structur keine längere Kette gemein haben, wird man nicht umhin können, diese Bildung auf ein elementares Sprengstück — das Acetylen — zurückzuführen, welches aus beiden Körpern entstehen kann und durch Condensation in Benzol übergeht.

2. Die Methanbildung aus Hexan bei 940⁰ war mit dem Ausgangsmaterial durch keine einfache Reaktion mehr in Beziehung zu setzen, während bei niederer Temperatur Ablösung einer endständigen Methylgruppe als Methan stattgefunden hatte. Es war von Interesse, die Methanbildung beim Trimethyläthylen zu verfolgen, welches nur eine Methylgruppe ohne Auflösung und Zerstörung des gesammten Atomverbandes, abspalten kann. Es fand sich, dass bei niederer Temperatur in der That nur eine Methylgruppe als Methan abgespalten wird, bei höherer Temperatur (935⁰ C.) dagegen entsteht auch aus Trimethyläthylen mehr Methan als einer Methylgruppe entspricht.

3. Die Entstehung höherer Paraffine durch Spaltung des Trimethyläthylens ist nicht denkbar, die Bildung von Kohlenwasserstoffen mit geschlossener Kette ist gegenüber der Sachlage beim Hexan erschwert, aber möglich. Es war von Interesse, zu sehen, ob Kohlenwasserstoffe hier neben Methan im Gasrest auftreten würden, welche die Beziehung $3 V_0 = 4 K + C$ nicht erfüllten. In der That traten solche auf.

Nachdem zuvor festgestellt worden war, dass ein zwischen den Siedegrenzen 32° bis 42° fractionirtes Amylen (spec. Gew. 0,642) bei nebenstehender Temperaturvertheilung (Schema No. 3) durch den Heizraum — 1 ccm pro Minute — unverändert destillirte, wurden mit reinem Trimethyläthylen[1]) drei Zersetzungsversuche unternommen.

Schema No. 3.

80	60	40	20	0	20	40	60	80 cm
570	595	613	618	618	618	608	586	530 ° C.

Der erste derselben wurde vorgenommen, nachdem im Ofen die durch das Schema No. 4 verdeutlichte Wärmevertheilung erzielt war. Während des Gasdurchganges variirte die Temperatur an der Löthstelle von 750° bis 790° C. Der

Schema No. 4,
gemessen vor Beginn der Zersetzung.

90	80	70	60	50	43	30	20	10	0	12	20	30	45	55	70	80	90	100 cm
668	704	738	755	768	772	780	785	790	790	790	787	783	777	766	755	738	718	680 ° C.

Versuch dauerte 229 Minuten, während deren 77,5 ccm Trimethyläthylen vergast und 30,1 l bei 22° und 757 mm bzw. 27,015 l bei 0° in 760 mm trocken erhalten wurden. Der Vorgang der Vergasung liess einen dichten Strom gelblich-weissen Nebels dem Ofenrohr entquellen, welcher in den Theervorlagen seiner condensirbaren Bestandtheile so vollständig beraubt wurde, dass in die ammoniakalische Silberlösung ein durchaus farbloses Gas eintrat. Eine mässige Ausscheidung in den Flaschen mit Silberlösung verrieth einen Gehalt von Acetylen. Die Gaszusammensetzung war die folgende:

Wasserstoff + Kohlenwasserstoffe	67,6 %		72,63 %
Olefine	25,0 »		26,88 »
CO	0,0 »	bezogen auf	
Luft	6,9 »	luftfreies Gas	
CO_2	0,15 »		0,15 »
N	0,32 »		0,34 »

Das Gas bot der Analyse eine besondere Schwierigkeit. Es entstand bei der fractionirten Verbrennung nach Bunte's Methode stets viel Kohlensäure. Eine Bestimmung des Wasserstoffs liess sich deshalb nicht ausführen. Dieser Umstand bewies gleichzeitig, dass neben Methan im Gasrest noch Kohlenwasserstoffe unbekannten Charakters vorliegen; denn bei Methan-Wasserstoffgemischen tritt Bildung von Kohlensäure niemals ein.

Die Verbrennung über Quecksilber ergab:

I.

	Angewandt	8,45	C	$= 14,33$
	+ Luft (86,83)	95,28	K	$= 6,35$
Nach Verbrennung	Contraction bis	80,95	V_0	$= 12,95$
» Behandlung mit Kalilauge		74,60	$3\,V_0$	$= 38,85$
» » » Pyrogallol		69,40		

$$3\,V_0 < 4\,K + C.$$

$$4\,K + C = 39,73$$

---

[1]) Präparat von C. A. F. Kahlbaum.

II.

	Angewandt	8,83	C	$= 15,2$
	+ Luft (87,87)	96,70	K	$= 6,64$
Nach Verbrennung	Contraction bis	81,50	V_0	$= 13,635$
» Behandlung mit Kalilauge		74,86		
» » » Pyrogallol		70,13		

$$3 V_0 = 40,9$$
$$4 K + C = 41,76$$

$$3 V_0 < 4 K + C.$$

Um eine Bilanz berechnen zu können, seien zwei Grenzannahmen gemacht, die eine, dass sämmtliche Kohlensäure bei der Verbrennung über Quecksilber aus Methan entstanden sei — das ergibt offenbar einen oberen Grenzwerth für Methan und einen sehr kleinen Wasserstoffwerth —, die andere, dass so viel Wasserstoff vorhanden sei, dass die Hydrocarbüre des Gasrestes einen Sauerstoffverbrauch von 2,43 ccm pro 1 ccm besässen, wie er beim Hexanzersetzungsgas im Mittel vorkam. Diese Annahme gibt einen unteren Grenzwerth für Methan, einen oberen für Wasserstoff, dessen Menge nach den Erscheinungen bei der fractionirten Verbrennung jedenfalls nicht entfernt den daraus folgenden Werth von 26 % erreichte.

Das specifische Gewicht des Gases bei 20,75° und 751 mm betrug feucht 0,753, sonach trocken 0,749.

Das mittlere Moleculargewicht folgt aus den gemachten Voraussetzungen über die Grenzwerthe zu 40,4 bzw. 41,7.

Das gesammte Gasgewicht berechnet sich zu 26,181 g, das für luftfreies Gas corrigirte Gewicht zu 25,528 g.

Für Methan ergibt sich das Maximalgewicht zu 11,462 g aus der ersten Annahme. Die stöchiometrische Gleichung

$$C_5 H_{10} = CH_4 + (C_4 H_6)$$

ergibt für angewandte 76,2 ccm = 50,925 g Trimethyläthylen 11,62 g Methan. Der Maximalwerth für Methan ist also nicht grösser, als der Absprengung einer Methylgruppe entspricht.

Für die gasförmigen Olefine ergeben sich 13,669 g, für Wasserstoff 0,15 bis 0,63 g.

Ausser den gasanalytischen Ergebnissen wurden folgende Resultate gewonnen

Im Rohr, dessen Gewicht um 0,68 g zugenommen hatte, fand sich nur eine ganz geringe Kohleausscheidung in Form eines dünnen spiegelnden Belags an der Glaswand. Im Uebrigen bestanden jene 0,68 g aus den schwerflüchtigsten Antheilen eines braunschwarzen Theeres, von welchem noch 22,89 g in den gekühlten Vorlagen sich fanden. An Acetylen wurden 0,04792 g = 41,27 ccm bei 0° und 760 mm (berechnet aus gewogenen 0,5285 Cl Ag) erhalten.[1]

Die mit Schwefelsäure gefüllten Waschflaschen zeigten offenbar von kleinen Mengen gelöster Gasbestandtheile einen Geruch nach Terpenen.

Der in den Vorlagen gesammelte Theer war sehr charakteristisch. Er erwies sich zunächst vollkommen frei von unverändertem Ausgangsmaterial, denn beim Erwärmen gingen die ersten Antheile erst bei 80° über. Eine Destillation, nach der Engler'schen Petroleumdestillationsmethode ausgeführt, ergab

---

[1] Das Gas wurde hier wie in früheren Fällen stets auf etwa der Absorption entgangenes Acetylen geprüft.

$$80^0 - 100^0 \quad . \quad . \quad . \quad . \quad . \quad . \quad 8 \text{ ccm}$$
$$100^0 - 140^0 \quad . \quad . \quad . \quad . \quad . \quad 7 \text{ »}$$
$$140^0 - 200^0 \quad . \quad . \quad . \quad . \quad . \quad 3 \text{ »}$$
$$200^0 - 245^0 \quad . \quad . \quad . \quad . \quad . \quad 3 \text{ »}$$

Rest 1 ccm dicker schwarzer Theer.

Auf dieser ganzen Skala verweilte das Thermometer an keinem Punkte, so dass bevorzugte Bestandtheile nicht erkennbar waren.

Der Theer war zweitens frei von höheren Paraffinen, denn er löste sich vollständig in concentrirter Schwefelsäufe mit rothbrauner Farbe auf, und diese Lösung schied beim Eingiessen in Wasser nur eine geringe Menge Harz, aber keine flüssigen Kohlenwasserstoffe mehr ab.

Mit concentrirter Salpetersäure reagirte der Theer sehr stürmisch und verrieth dabei durch einen lebhaften Geruch nach Nitrobenzol die Anwesenheit von Benzol.

Das specifische Gewicht des Theers war 0,858.

Das Destillat von der der Destillation unterworfenen Hauptmenge diente zur Bestimmung des Bromverbrauchs, welcher 0,971 g pro 1 g erreichte. Das bromirte Destillat bildete ein in Wasser untersinkendes Oel, welches nach dem Ausschütteln mit Aether, Trocknen des ätherischen Auszuges, Verdunsten des Aethers und Erhitzen Spuren von Nitrobenzol lieferte. Das Paraffinöl hatte sein Gewicht nur sehr wenig geändert. Es liess sich bis 120^0 daraus eine sehr kleine Menge eines benzolhaltigen Destillats abtreiben.

Bilanz:

Vergast			Erhalten	
50,925 g				
	Gas	25,528 g	Olefine 13,669 g	
			Methan $<$ 11,462 g	
			Wasserstoff 0,15 bis 0,63 g	
	Acetylen	0,048 »		
	Theer	23,57 »	dabei etwas Benzol	
	Kohle	Spur		
		49,146 g.		

Die Zersetzungsproducte zeigen mit den Producten der Hexanzersetzung bei gleicher Temperatur folgende Aehnlichkeiten:

1) das mittlere Moleculargewicht der Olefine,
2) die Bildung kleiner Mengen Benzol und Acetylen,
3) das Auftreten von Kohlenwasserstoffen im Gasrest, die der Gleichung der Paraffine nicht genügen,
4) die ganz untergeordnete Bildung von Kohle und elementarem Wasserstoff.

Demgegenüber steht als Hauptunterschied der Charakter des Theers. Der Theer vom Hexan enthält neben Ausgangsmaterial nur Olefine niederer Reihen, der des Trimethyläthylens nur olefinische Producte, welche grössere Moleculargewichte haben, als das Ausgangsmaterial.

Der Unterschied erklärt sich aus den früher entwickelten Vorstellungen auf das einfachste. Beim Hexan sind die Sprengstücke für sich beständig, beim Trimethyläthylen sind die grösseren Molekültheile, welche nach Abreissen von Methan übrig bleiben, nicht beständig, sondern treten sofort zu complexeren Gebilden zusammen.

Das Fehlen aller höheren Paraffine im Trimethyläthylentheer ist besonders bemerkenswerth. Die Geringfügigkeit der Wasserstoffadditionen bei niederer Temperatur wird dadurch sehr gut illustrirt.

Die weitere Untersuchung galt dem Verhalten des Trimethyläthylens bei höherer Temperatur, entsprechend der Hexanzersetzung bei 940⁰.

Der Ofen wurde zu dem Ende auf 930⁰ angeheizt und zeigte die im angefügten Schema No. 5 versinnlichte Temperaturvertheilung. Die im Laufe der Versuche gewachsene Vertrautheit mit der Apparatur ermöglichte, während des Gasdurchganges

Schema No. 5,

aufgenommen vor Beginn der Zersetzung.

105	85	65	55	40	25	15	0	25	35	45	55	65	75	85	95 cm
750	850	890	904	919	926	929	927	922	916	905	891	871	840	803	750 ⁰ C.

die Temperatur an der Löthstelle niemals aus den Grenzen von 933⁰ und 938⁰ heraustreten zu lassen. Unter diesen Verhältnissen wurden in 71 Minuten 21 ccm vergast. Die entbundenen Dämpfe hatten in diesem Falle eine hellbraune Farbe, die eine tiefer greifende Zersetzung verrieth. Nach 71 Minuten musste der Versuch unterbrochen werden, da der Gasdurchgang sich durch Kohleabscheidung verstopfte. Es wurden 10,65 l (bei 22⁰ und 755 mm) eines Gases erzeugt, welches demgemäss bezogen auf 0⁰ und 760 mm trocken 9,533 l ausmachte. Das spec. Gew. dieses Gases wurde feucht zu 0,56 (?)[1], sonach trocken zu 0,5555 ermittelt.

Die Gasanalyse ergab folgende Resultate:

Olefine	8,85 %			10,5	%
Methan	47,5	»		56,35	»
H	24,07	»		28,53	»
CO	0,1	»	berechnet für	0,1	»
Luft	15,7	»	luftfreies Gas		
CO₂	0,8	»		0,95	»
N	3,0	»		3,60	»

Die Verbrennung über Hg ergab:

I.

Angewandt Gas	13,18	C = 20,12
+ Luft (84,72)	97,90	K = 7,29
Nach der Verbrennung Contraction bis	77,78	V_0 = 16,42
» Absorption mit KOH	70,49	3 V_0 = 49,26
» » » Pyrogallol	69,20	4 K + C = 49,28
3 V_0 = 4 K + C.		

In 13,18 Gas waren

2,19 N

3,89 H

———

7,10 Kohlenwasserstoffe.

Sauerstoffverbrauch der Kohlenwasserstoffe = 2,04

Kohlenstoffdichte der Kohlenwasserstoffe = 1,027.

---

[1] Die Bestimmung ist mit einem Fragezeichen versehen, weil die Temperatur bei der Bestimmung nicht ganz constant war.

II.

	Angewandt Gas	13,27	C = 20,24
	+ Luft (85,32)	98,59	K = 7,37
Nach Verbrennung	Contraction bis	78,35	V_0 = 16,58
» Behandlung mit KOH		71,00	3 V_0 = 49,74
» » » Pyrogallol		69,75	4 K + C = 49,72

$$3\ V_0 = 4\ K + C.$$

In 13,27 Gas waren

3,26 N
3,92 H
——————
7,09 Kohlenwasserstoffe.

Sauerstoffverbrauch der Kohlenwasserstoffe 2,07
Kohlenstoffdichte der Kohlenwasserstoffe 1,04

Neben Methan waren also höchstens Spuren höherer Kohlenwasserstoffe zugegen. Das mittlere Moleculargewicht der Olefine berechnet sich zu 25,0 (?).

Die Ausbeute an Acetylen betrug 0,0398 g = 34,27 ccm bei 0^0 und 760 mm.

Die Bildung aromatischer Producte war eine erhebliche. Schon beim Auseinandernehmen des Rohres, welches durch einen dicken, schwarzbraunen Theer und eine starke Abscheidung von poröser Kohle verstopft war, machte sich ein deutlicher Naphtalingeruch bemerklich. In den Vorlagen fand sich ein fast schwarzer, dicker Theer, der mit dem entsprechenden Zersetzungsproduct des Hexans die grösste Aehnlichkeit aufwies. Seine Verarbeitung geschah genau in der Weise, welche an der entsprechenden Stelle beim Versuch mit Hexan (Seite 62) vorgenommen wurde. Auch hier lieferte die Nitrirung neben Nitrobenzol einen Cokekuchen. Gewonnen wurden aus 5,28 g Theer, wozu noch die im T-Stück am Rohrausgang haftende, in der Gewichtszunahme des Rohres = 1,54 g einbegriffene Theermenge von 0,472 g hinzutrat, 2,341 g Rohnitrobenzol. Auch hier erwies sich das Nitrobenzol so annähernd rein, dass 75 % des Rohnitrobenzols als reines Nitrobenzol zweifellos als Minimalwerth für die Benzolberechnung einzusetzen sind = 1,11 g Benzol. Die Extraction des Theers aus dem Rohr mit Chloroform und die elementar-analytische Ermittlung der dabei zurückbleibenden Kohle geschah in früher beschriebener Weise. Die Ergebnisse siu d in der nachstehenden Bilanz eingetragen. Erwähnt sei noch, dass die Schwefelsäure-Waschflaschen sich geruchfrei erwiesen, und dass auch das Gas keinen erheblichen oder charakteristischen Geruch besass.

Vergast			Erhalten	
21 ccm = 13,87 g				
	Gas	5,830 g	CH₄ 3,844 g	
			Olefine 1,124 »	(Aethylen)
			H 0,244 »	
	$C_2 H_2$	0,040 »		
	Kohle	0,706 »	C = 0,6956 g	
			H = 0,0104 »	
	Theer	6,114 »	im Rohr 0,362 g	
			im T-Stück 0,472 »	
			in den Vorlagen 5,28 »	
	Im Paraffinöl absorbirt	0,422 g		
		13,112 g		

Vom Theer waren 1,11 bis 1,86[1]) g Benzol.

Ausgedrückt in Procenten

Vergast		Erhalten	
100%	Methan	27,72 %	
	Aethylen	8,10 »	
	Wasserstoff	1,76 »	
	Gasförmige Nebenproducte .	4,46 »	
	Acetylen	0,30 »	
	Kohle	5,09 »	
	Benzol	8,00 bis 13,41 »	
	Theer und Paraffinöl-		47,12 %
	Absorption	33,71 bis 39,12 »	
		94,55 %	

Die Benzolausbeute ist hier wie beim Hexan gegenüber der niederen Temperatur wesentlich gesteigert.

Aus der Bilanz geht weiter hervor, dass hier wie beim entsprechenden Versuch mit Hexan mehr Methan gebildet ist, als einem Molekül pro 1 Molekül Ausgangsmaterial entspricht: 27,7 % statt 22,9 %. Die Reaction ist in beiden Fällen nicht auf der ersten Stufe stehen geblieben, sondern es haben Zusammenlagerungen, gefolgt von neuen Absprengungen u. s. f., stattgefunden, wie dies im allgemeinen Theil dieser Abhandlung erörtert ist.

Der letzte Versuch über die Zersetzung des Trimethyläthylens wurde bei einer im Schema No. 6 verdeutlichten Temperaturvertheilung unternommen. Die Schwankungen der Temperatur an der Löthstelle während des Gasdurchganges lagen innerhalb 1050^0 und 1060^0 C. Dem Gasausgang des Rohres entquollen sofort

Schema No. 6,
aufgenommen vor Beginn der Zersetzung.

107	97	69	52	37	12	0	13	23	43	63	88	103 cm
830	910	1000	1029	1040	1058	1058	1050	1045	1029	976	890	790 ° C.

dichte, schwarze Wolken, und der Versuch musste nach kürzester Zeit in Folge Verstopfung des Rohres unterbrochen werden. So darf der Versuch, bei welchem insgesammt nur der geringe Betrag 6,5 ccm = 4.35 g vergast wurde, nur als ein orientirender betrachtet werden. Erhalten wurden als Hauptproduct 1,902 g Kohle im Rohr. Der Rohrausgang wies deutliche Blättchen von Naphtalin auf. Die Wandung der ersten Vorlage war mit einem zähen, russhaltigen Theer beschlagen, welcher bei der Nitrirung nach der früher beschriebenen Art 0,0975 g Rohnitrobenzol ergab. Im Gas fanden sich als Hauptbestandtheile (bezogen auf luftfreies Gas)

Wasserstoff	50 %
Methan	30 %
(Aethylen) Olefine	5 %.

Für die Erneuerung dieser Versuche bei einer 1000^0 überschreitenden Temperatur hätte es einer Abänderung des Heizrohres bedurft, welche der Verstopfung durch Kohle zu begegnen in der Lage war. Sie unterblieb vorläufig, da ein wesentliches Ergebniss für das behandelte Thema nicht mehr zu erwarten war. Eine über

---

[1]) Aus dem ganzen Gewicht des Rohnitrobenzols + der ganzen Gewichtszunahme des Paraffinöls als Maximalwerth berechnet.

950° gesteigerte Temperatur konnte ausschliesslich weitere secundäre Reactionen lehren, in deren complicirte Verhältnisse einzudringen wenig Hoffnung war.

Einige Schlussversuche betrafen das Benzol und das Acetylen.

Bezüglich des Benzols wurde festgestellt,

1. dass es bis zu Temperaturen von 900° wesentlich unverändert bleibt und für die Zersetzungsvorgänge bei den beiden niederen Temperaturstufen, die beim Hexan und Trimethyläthylen untersucht wurden, deshalb als Endproduct zu betrachten ist;

2. dass es zwischen 900° und 1000° sich spaltet, so dass über 1000° die Benzolausbeute nothwendig geringer ist;

3. dass die höheren aromatischen Producte, welche zwischen 900° und 1000° bei der Benzolzersetzung entstehen, verschieden sind von denjenigen, welche neben Benzol im Theer der studirten aliphatischen Körper auftraten, so dass diese Producte nicht als Benzolzersetzungsproducte, sondern als Condensationsproducte des Benzols mit anderen Körpern, insbesondere mit Acetylen, aufzufassen sind.

Lewes, welcher die Zersetzung des Benzols in Verdünnung mit Wasserstoff untersucht hat, kam zu folgendem Ergebniss:

Angewandt: Gemische von Wasserstoff und Benzol.

Procente C_6H_6 im Versuchsgas . . .	5,28	5,28	5,28
Temperatur des Gasstromes im Zersetzungsrohr	900°	1100°	1300° C.

Gas nach der Erhitzung.

Ungesättigte Hydrocarbüre	5,00	3,33	2,43
Davon Acetylen	0,00	Spur	0,083
Gesättigte Hydrocarbüre	0,00	2,87	5,02
Wasserstoff	95,00	93,80	92,47

Kohle und Theer in g pro 100 ccm Gas.

Kohle	0,0	Spur	0,01
Theer	Spur	0,012	0,00

Im elektrischen Ofen destillirte Benzol, das zu diesem Zweck durch wiederholtes Fractioniren gereinigt, aber nicht thiophenfrei war, bei 650° fast ganz unverändert über. Nur ein schwacher Geruch nach Diphenyl war merklich.

Der Versuch wurde in derselben Versuchsanordnung, die früher (Fig. 6) beschrieben wurde, bei höherer Temperatur wiederholt, und während der Destillation die Temperatur langsam weiter gesteigert, bis eine merkliche Gasbildung eintrat. Dies

Schema Nr. 7,
aufgenommen während der Zersetzung.

55	45	35	25	12	0	12	20	30	40	50	60	70	80	90	100	110	120	cm
795	820	856	880	905	937	960	968	978	988	996	1000	1000	992	968	928	864	795	°C.

war der Fall, als die Temperatur an der Löthstelle 910° erreichte. Die Temperaturvertheilung, welche festgehalten wurde, geht aus dem Schema No. 7 hervor Mit dem Eintritt der merklichen Gasbildung traten bräunliche Dämpfe am Rohrausgang und eine Trübung der Waschflaschen mit Silberlösung durch Ausscheidung von Acetylensilber (und Schwefelsilber) auf.

Nach kurzer Zeit zeigte sich das Erhitzungsrohr verstopft. Es waren im Ganzen 25,5 ccm Benzol mit einer mittleren Geschwindigkeit von 1 ccm pro Minute vergast worden. Von diesen fanden sich 16 ccm unverändert in der Vorlage vor, ent-

sprechend der ganzen bis 910⁰ und einem Theil der bei höherer Temperatur über-
gegangenen Menge. Im Rohr fanden sich 0,431 g Kohle – an den Wänden als
spiegelnder Belag, in der Mitte als pulverige Masse — und 0,819 g eines dicken,
stellenweisen mit Krystallen durchsetzten Theeres. In der ersten Vorlage waren
19,71 g eines in Kältemischung fast völlig erstarrten Condensats, die anderen Vorlagen hatten nur spurenweise, die Paraffinölflaschen gar nicht an Gewicht zugenommen.

Jene 19,71 g gaben bei der Destillation, wie erwähnt, zunächst 16 ccm reines
Benzol; dann stieg die Temperatur plötzlich bis 254⁰, um hier beim Siedepunkt des
Diphenyls längere Zeit zu verweilen und dann langsam bis 370⁰ weiterzusteigen.
Bei 370⁰ wurde die Destillation unterbrochen. Von 254⁰ an erstarrten die Destillate
in der Vorlage stets sofort zu schön krystallisirten Massen, auf die hier nicht näher
eingegangen werden soll.

Naphtalin, welches bei der Hexan- und Trimethyläthylenzersetzung aufgetreten
war, wurde nicht bemerkt. Ebensowenig war Styrol zu erkennen.

Die Acetylenausbeute war höchst geringfügig. Erhalten wurden 0,00154 g
(0,017 g Cl Ag).

Das aufgefangene Gas war sehr lufthaltig, da das entbundene kleine Gasvolumen
durch den Luftgehalt der Vorlagen sehr verdünnt wurde. Es bestand aus

CO_2	0,8 %
Olefine	1,2 »
Luft	70,3 »
Wasserstoff	22,1 »
Methan	3,5 »

Vom Acetylen war festzustellen, inwieweit es neben Kohle aromatische
Producte und speciell Benzol, und inwieweit es gasförmige Olefine bilde.

Lewes hat Acetylen durch eine 2 mm weite Platinröhre, die auf 25 mm Länge
auf 1000⁰ erhitzt war, getrieben und dabei pro 100 ccm Acetylen erhalten:

$$0,095 \text{ g Theer}$$
$$0,018 \text{ g Kohle}$$
$$\overline{0,113 \text{ g,}}$$

sowie ein Gas, welches enthielt
$$\begin{cases} 26\,\% & C_2H_2 \\ 62\,\% & \text{andere ungesättigte Körper} \\ 1,5\,\% & H \\ 3,2\,\% & CH_4. \end{cases}$$

Dieses Ergebniss scheint ein starkes Vermögen des Acetylens zu lehren,
bei 1000⁰ durch Wasserstoffaddition Olefine zu bilden. In Ergänzung dieses Resul-
tates fand sich dass Acetylen bei den niedrigeren Temperaturen, auf welche in dieser
Abhandlung der Hauptnachdruck gelegt ist, bei 600⁰ bis 800⁰, neben einem sehr

Schema No. 8,
aufgenommen während der Zersetzung.

80	65	54	46	37	25	17	10	0	12	20	30	37	46	51 cm.
575	600	618	630	630	632	638	636	630	620	610	600	592	586	578 ⁰C.

benzolreichen Theer nur höchst unerhebliche Mengen aliphatischer Umsetzungsproducte bei der kurzen Erhitzung im elektrischen Ofen bildet.

Der Ofen wurde mit Acetylen ausgeblasen und, die Waschflaschen mit Silberlösung
und Schwefelsäure aus der Apparatur entfernt; der Auffangeballon war mit einer mit CO_2

gesättigten Kochsalzlösung gefüllt. Das verwendete Acetylen war aus Calciumcarbid bereitet, enthielt 97 % C_2H_2 und war luftfrei; es passirte vor dem Ofen Waschgefässe mit Natronlauge und Chlorcalcium. Die Temperatur (siehe Schema No. 8) an der heissesten Stelle, welche vor Beginn des Versuches 620° C. betrug, stieg sofort beim Einführen des Gases auf 638° und schwankte während des ganzen Versuches nur von 638° bis 645°. Es wurden in 4 Stunden 49 Minuten 15,24 l Gas bei 20° und 749 mm Druck feucht über Kochsalzlösung gemessen durch den Ofen geleitet und 10,83 l unter gleichen Bedingungen wieder gewonnen. Das aufgefangene Gas über Quecksilber in der früher beschriebenen Weise untersucht, enthielt neben 91,8 % Acetylen 1,3 % mit Brom, aber nicht mit Silberlösung absorbirbare Bestandtheile — Aethylen —; der Gehalt an verbrennlichen, mit Brom nicht absorbirbaren Bestandtheilen betrug 1,7 %. Der Rest des Gases bestand aus Kohlensäure, die aus der Sperrflüssigkeit stammte. Die Bildung von gasförmigen Gliedern der Olefin- und Paraffinreihe, sowie die Abspaltung von Wasserstoff war also höchst unbeträchtlich. Um so erheblicher erwies sich die Bildung fester und flüssiger Condensationsproducte. Es fand nämlich eine Gewichtszunahme

$$
\begin{array}{ll}
\text{des Rohres} \dots \dots & 0,50 \text{ g} \\
\text{der Theervorlage} \dots \dots & 2,304 \text{ »} \\
\text{der Paraffinölflaschen} \dots & \underline{0,9 \text{ »}} \\
& 3,704 \text{ g}
\end{array}
$$

statt. Von diesen 3,704 g machte die Kohle nur einen kleinen Bruchtheil aus, der als dünner, spiegelnder Belag an der Rohrwandung haftete. Im übrigen bildete die Abscheidung im Rohr und in dem Theerfänger einen Theer, der bei 80° zu sieden begann und zu fast 40 % zwischen 80° und 84° überging. Dann stieg die Temperatur langsam höher, während dem ersten gelblich gefärbten Destillat tief gelb und grün gefärbte Antheile folgten, die keine Neigung zeigten, in der Vorlage zu erstarren. Die Temperatur stieg ohne merklichen Einschnitt bis 305°; über 305° blieb eine kleine Menge eines kohligen Rückstandes. Naphtalinbildung war nicht zu bemerken.

Ein Zerfall des Acetylens unter Aufleuchten, wie ihn Lewes gelegentlich erwähnt, wurde nicht beobachtet, trat aber bei einem anderen Versuche auf, bei welchem eine kleine Menge Luft mit dem Acetylen in den Heizraum eingeführt wurde, und verschwand, als luftfreies Acetylen statt dessen benutzt wurde.

Ein Versuch bei 770° gab, in gleicher Weise ausgeführt, folgende Resultate: Die Temperatur stieg hier beim Einführen des Gases sofort auf 790° und blieb dort ½ Stunde nahezu constant. Nach Ablauf dieser Zeit musste der Versuch abgebrochen werden, da eine dichte Kohleausscheidung das Rohr verstopfte. Der gebildete Theer war diesmal ungemein dick und zähflüssig, so dass im Rohr 1,2 g Kohle und 2,3 g Theer, im Theerfänger nur 0,895 g erhalten wurden. Die Bildung von Naphtalin verrieth sich diesmal deutlich durch einen markanten Naphtalingeruch.

Die Bildung von Benzol wurde in den in der Vorlage gesammelten leichtflüssigsten Antheilen des Theers qualitativ durch Nitrirung dargethan. Das Gas enthielt neben 25 % Acetylen nur Wasserstoff und ganz geringfügige Beträge an Methan und Olefinen.

Anhang.

Ueber die Temperaturmessung im elektrischen Rohrofen.

Um die Temperaturen im elektrischen Ofen zu messen, diente das Le Chatelier'sche Thermopaar, dessen Eignung zur exacten Temperaturbestimmung durch Holborn und Wien vollkommen bestätigt, und dessen Benutzung durch den Umstand erleichtert ist, dass die physikalisch- technische Reichsanstalt die Aichung von Thermopaaren übernimmt. Das Le Chatelier'sche Thermopaar besteht bekanntlich aus zwei Drähten, deren einer aus reinem Platin gefertigt ist, während der andere aus einer Legirung von 10% Rhodium und 90% Platin hergestellt ist. Diese Drähte lassen sich in der Knallgasflamme leicht mit ihren Enden vereinigen und stellen alsdann ein Thermoelement dar, für welches der Zusammenhang der thermoelektrischen Kraft mit der Temperatur in diesem Falle durch folgende aus dem Aichungsergebniss der Reichsanstalt entnommene Tabelle gegeben war. Zur Messung

Abhängigkeit der elektromotorischen Kraft von der Temperatur.

600^0	5240 Mikrovolt,
700^0	6310 »
800^0	7430 »
900^0	8600 »
1000^0	9810 »
1100^0	11030 »
1200^0	12260 »
1300^0	13510 »
1400^0	14770 »

der elektromotorischen Kraft kann jedes feine Galvanometer benutzt werden, dessen Widerstand so gross ist, dass die Summe aller Spannungsverminderungen von der Löthstelle bis zu den Klemmen des Instrumentes gegenüber dem Potentialunterschied zwischen diesen Klemmen unmerklich klein wird. Le Chatelier benutzte ein Galvanometer nach d'Arsonval, dessen Widerstand sehr gross war, und das nach seinem Vorgange Anfangs bei den hier beschriebenen Untersuchungen gleichfalls zur Verwendung kam.

Vivian B. Lewes, welcher das Thermopaar früher benutzt hat, verwendete ein Galvanometer von kleinem Widerstande und schaltete Widerstand vor. Dieses Verfahren ist nicht zweckmässig. Der Spannungsabfall entspricht wenn ein grosser Widerstand im Stromkreise liegt, folgender Figur 10, wenn der Widerstand mit $b\,c$ bezeichnet wird.

Le Chatelier misst nun den Abfall auf der Strecke $b\,c$, indem er b und c zu Klemmen seines Galvanometers macht. Lewes hingegen misst den Spannungsabfall zwischen $a\,b$ oder $c\,d$. Ist das Thermopaar unter Benutzung derselben Anordnung geaicht — Lewes verbindet die Aichung

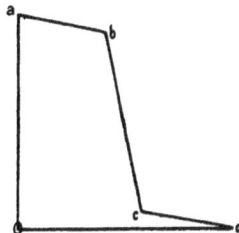

Fig. 10.

des Thermopaars mit der Auswerthung seiner Galvanometerausschläge, indem er das Thermopaar in schmelzende Salze taucht, deren Schmelzpunkt bekannt ist, und die am Galvanometer auftretenden Ausschläge bestimmt —, so sind die Ergebnisse naturgemäss richtige, ihre Genauigkeit ist aber eine viel geringere.

Die Messung der elektromotorischen Kraft mittelst der Compensationsmethode während der Zersetzungsversuche durchzuführen, konnte nicht rathsam erscheinen, da die Ausführung der Bestimmung mehr Zeit und Aufmerksamkeit beansprucht, als für sie neben den anderen Beobachtungen übrig blieb.

Es war also erforderlich, die Ausschläge des Arsonval auszuwerthen. Für diese Auswerthung boten sich zwei Wege. Entweder wurde das Thermopaar auf bekannte Temperaturen erhitzt und der Ausschlag gemessen, den es hervorbrachte, oder es wurde diejenige elektromotorische Kraft, welche nach der Aichung der Reichsanstalt dem benutzten Thermopaar bei bestimmten Temperaturen zukam, in anderer Weise an den Klemmen des Galvanometers erzeugt, und der Ausschlag beobachtet. Die erste Methode scheint einfacher, ist es aber durchaus nicht, da die Erzeugung von genau bekannten Temperaturen zwischen 500^0 und 1500^0 nicht bequem ist. Schmelz- punkt- und Siedepunkt-Bestimmungen in diesem Intervall sind zwar zahlreich aus- geführt, nur für wenige Substanzen aber stehen die Werthe sicher fest; bei den meisten sind die Zahlen der verschiedenen Forscher so abweichend, dass die Be- stimmungen unmöglich zur Grundlage einer Aichung gemacht werden können. Es wurde deshalb die zweite Methode vorgezogen. Die Erzeugung bekannter elektro- motorischen Kräfte an den Galvanometerklemmen geschah mittelst eines Clark'schen Normalelementes, welches durch verschiedene Widerstände von 20 000 Siemens auf- wärts geschlossen wurde. Die elektromotorische Kraft des Clark'schen Elementes, welches auf diese Weise benutzt wird, ist naturgemäss nicht mehr gleich seiner Klemmen- spannung im stromlosen Zustande. Es war also nothwendig, den Spannungsverlust im Normalelement zu kennen, wenn dasselbe in dieser Weise geschlossen wurde, bezw. seinen inneren Widerstand zu bestimmen. Diese Messung wurde so ausgeführt, dass das Normalelement durch einen Accumulator in üblicher Weise compensirt wurde, wobei ein Spiegelgalvanometer von geringem Widerstand zur Beobachtung der Strom- losigkeit diente. Nach erfolgter Compensation wurde in einem Nebenschluss das Normalelement durch 20 000 Siemens geschlossen, und der im Compensations- Stromkreis auftretende Strom durch passende Aenderung der Widerstände auf Null gebracht. Zwei Beobachtungsreihen ergaben bei einer Temperatur von $16,5^0$ C. einen Spannungsabfall von $0,569^0/0$ bezw. $0,563^0/0$.[1] Aus dem Mittelwerth von $0,566$ berechnet sich der innere Widerstand des Normalelements zu $113,14$ Siemens $=$ $106,7$ Ohm. Es bedurfte nunmehr nur noch der Messung des Widerstandes des Arsonval'schen Galvanometers, um eine Auswerthung der Skalenausschläge zu ermöglichen. Diese Widerstandsmessung wurde mit der Brücke ausgeführt und ergab $208,9$ Ohm mit einem wahrscheinlichen Fehler von weniger als $0,2$ Ohm.

Um darüber Gewissheit zu gewinnen, dass die elektromotorische Kraft des Normalelementes durch die — stets nur kurz dauernde — Schliessung mit Wider- ständen bis zu 20 000 Siemens hinab keine merkliche bleibende Aenderung erfahren hatte, wurde schliesslich das benutzte Normalelement so gegen ein anderes geaichtes Normalelement geschaltet, dass die positiven Pole direct, die negativen durch das Spiegelgalvanometer, dessen Ausschläge in der beschriebenen Weise ausgewerthet waren, und einen Widerstand verbunden waren. Der Temperaturunterschied der Normalelemente betrug $0,1^0$ C. Dabei ergab sich ein Unterschied der elektro-

---

[1] Die Temperatur ist nur für die thermoelektrische Kraft des Normalelements, nicht aber für die minimale Aenderung der bei 15^0 geaichten Widerstände in Rechnung gezogen.

motorischen Kraft von 0,00017 Volt, d. h. eine Abweichung, welche hinter der zulässigen Verschiedenheit der Normalelemente von 0,1% erheblich zurückbleibt.

Die Auswerthung der Skalenausschläge war nach diesen Vorarbeiten zwar ohne erheblichen Zeitaufwand möglich, und die Beobachtung selbst war gegenüber Messungen nach der Compensationsmethode vereinfacht; es wurde indessen als eine wesentliche Erleichterung empfunden, als die Firma Keiser und Schmidt ein nach Angabe von Wien hergestelltes Galvanometer ohne Spiegelablesung für die Messung der elektromotorischen Kraft zur Verfügung stellte. Die Skala des Instrumentes zeigt direct 0,0001 Volt und gestattet, 0,00001 Volt zu schätzen. 0,0001 Volt entsprechen zwischen 500° und 1500° einem Temperaturunterschied von ca. 10°C. an der Löthstelle. Der Widerstand des Instruments betrug, mit der Brücke gemessen, 303,1 Ohm. Seine Dämpfung war eine vorzügliche.[1]

Die Skala des Instrumentes wurde nach demselben Verfahren, das für die Aichung der Ausschläge des Arsonval benutzt wurde, controllirt und ergab für

Berechnet.	Gemessen.
0,01076 Volt	0,01076 Volt
0,01433 »	0,01432 »
0,01228 »	0,01229 »

Um das Thermoelement zur Temperaturmessung im elektrischen Ofen zu verwenden, bedurfte es jetzt nur noch einer Vorrichtung, welche es vor der Einwirkung der erhitzten Gase schützte. Lewes lässt die Löthstelle selbst ungeschützt und umschmilzt nur die Drähte selbst mit Glas. Dieses Verfahren erscheint indessen bedenklich, und es wurde vorgezogen, durch das Glas- bezw. Porcellanrohr, in dessen Inneren die Zersetzung vorgenommen wurde, eine sehr dünnwandige Glas- bezw Porcellancapillare hindurch zuziehen, in welche das Thermoelement seinerseits eingezogen wurde. Die Capillare war länger als das äussere Rohr und lief durch je zwei diametrale Ausgänge des T-Stückes, welche am Rohreingang und Rohrausgang in der aus der Zeichnung (Fig. 5 S. 46) ersichtlichen Weise angebracht waren, und durch deren dritten Schenkel vorn die Dampfzufuhr, hinten der Gas- und Theerabgang erfolgte. Die Drähte des Thermoelementes waren zunächst an feine Kupferdräthe gelöthet, welche je ½ m lang waren und 0,15 qmm Querschnitt besassen. Die Löthstellen lagen stets in Eis. Diese Kupferdrähte wurden mit ihrem anderen Ende durch Quecksilbercontacte mit starken anderen Kupferdrähten verbunden, welche zu dem einige Meter entfernt stehenden Galvanometer führten.

Der Widerstand der Kupferdrähte war verschwindend, dagegen betrug der der Thermodrähte:

Platinrhodiumdraht 1,486 Ohm)
Platindraht . . . 2,641 ») pro 1 m.

Der Widerstand im Stromkreis ausserhalb des Galvanometers erreichte dadurch im Ganzen 2,75 Ohm. Diese Grösse ist nicht mehr ganz verschwindend gegen den Widerstand des Galvanometers von Keiser und Schmidt, sondern bedeutet einen Fehler von 0,9% in der Temperatur. Es ist indessen davon abgesehen worden, die gemessenen Temperaturen umzurechnen und die in den Schemas und im Text des Abschnittes III gegebenen Zahlen sind die unmittelbar beobachteten, da die Schwankungen in der Temperatur der Löthstelle erheblicher waren, als diese constante Abweichung, die bei 900° z. B. 8°C. beträgt.

---

[1] Vgl. Zeitschrift für angewandte Chemie 1895 S. 431.

Eine Beeinflussung der Angaben des Thermoelementes durch Schwankungen der Stromstärke im Erhitzungsrohr, welche sich durch eine Zuckung des Galvanometerzeigers bei rascher Aenderung des Erhitzungsstromes hätte verrathen müssen, fand ebensowenig statt, wie sie aus theoretischen Erwägungen zu erwarten war.

Die Ermittlung der in den Schemas angegebenen Zahlen geschah so, dass das Thermoelement, auf dessen Drähten feine Marken angebracht waren, im Ofen bezw in der inneren Capillare hin und her geschoben und die Aenderungen des Ausschlags am Galvanometer abgelesen wurden. Nach einigen Messungen wurde immer wieder der Anfangspunkt controllirt, der dauernd constant bleibt, wenn die Messung nicht zu rasch nach dem Beginn des. Anheizens unternommen wird. Die Temperatur ändert sich beim Dampfdurchgang und erfordert ein Nachreguliren der Stromstärke. Auch die Temperaturvertheilung verschiebt sich etwas im Heizraume. Die während des Gasdurchganges eruirten Temperaturen können während mehrerer Stunden innerhalb weniger Grade constant erhalten werden. Sie schwanken, wofern die Stromstärke im Heizstrom nicht geändert wird, nur in Folge Aenderungen der Vergasungsgeschwindigkeit, für welche sie eine sehr deutliche Indication abgeben.

B. Untersuchungen über die Verbrennung des Leuchtgases in gekühlten Flammen und in Gasmotoren.

Bearbeitet in Gemeinschaft mit A. Weber.

Die Verbrennung des Leuchtgases in frei brennenden Flammen, die nicht russen oder flackern, ist der Gegenstand einer Anzahl von Untersuchungen gewesen[1]), als deren Ergebniss zur Zeit feststeht, dass neben Kohlensäure und Wasserdampf nur verschwindende Spuren (tausendstel Procente) brennbarer Gase aus der Flamme entweichen. Es ist ebenso sichergestellt, dass in Berührung mit weissglühenden Flächen Leuchtgasflammen von hohem Primärluftgehalt keine brennbaren Bestandtheile in die Verbrennungsluft[2]) entlassen. Dieses Ergebniss, ist für die hygienische Beurtheilung der Beleuchtung mit Gasglühlicht von grosser Wichtigkeit.

Die Verhältnisse der Leuchtgasverbrennung zur Beleuchtung sind damit vollständig aufgeklärt. Dagegen fehlen befriedigende Untersuchungen über die Verbrennungsproducte, welche entstehen, wenn Leuchtgas zu Heizzwecken in Berührung mit kalten Flächen oder zu Kraftzwecken in Gasmaschinen verbrannt wird.

Die Verbrennung des Gases zur Erhitzung eines kalten Gegenstandes, welcher in die Flamme eingetaucht ist, ist technisch bei den Gaskochapparaten verwirklicht und rücksichtlich der Entstehung brennbarer Rauchgase von Vivian B. Lewes (l. c.) untersucht worden; derselbe benutzte folgende Versuchsanordnung. Ein Kochtopf, welcher Wasser enthielt, war mit doppeltem Boden versehen. Der untere Boden besass in der Mitte eine Oeffnung, durch welche der Bunsenbrenner eingeführt wurde, dessen Flamme sich bei einem Versuche längs des oberen Bodens ausbreitete, bei einem anderen gerade mit der Spitze ihn berührte. Die Mündung des Bunsenbrenners befand sich im ersten Falle 12 mm unter dem oberen Boden, im zweiten entsprechend weiter entfernt. Die entstehenden Verbrennungsgase wurden aus dem Raume zwischen beiden Böden durch einen seitlichen

---

[1]) Berthelot, Annales de chimie et physique 1866, pg. 417. Cramer, J. f. Gasbel. 1891, S. 1. Vivian B. Lewes, Journal society chemical industrie 1891, pg. 414. Geelmuyden, Archiv für Hygiene 1895, pg. 102.

[2]) Gréhant, Comptes rendus, 9. und 20. Juli 1894; Journal de l'éclairage au gaz 1894, 350. Geelmuyden l. c. Renk, Journ. f. Gasbel. 1893, 321. Vergl. auch Journ. f. Gasbel. 1894, pg. 505.

Versuche, welche von A. Weber im chemisch-technischen Laboratorium der hiesigen Hochschule unternommen wurden (vergl. auch Bunte, Vorläufige Mittheilungen, Journ. f. Gasbel. 1895, S. 449) haben die im Texte beschriebenen Ergebnisse vollständig bestätigt.

Stutzen abgesogen, Wasserdampf und Kohlensäure durch passende Absorptionsmittel quantitativ aufgenommen, der verbleibende Gasrest mit Silberlösung vom Acetylen befreit. Der Gasstrom wurde weiter über Palladiumasbest geleitet, welcher auf 220° erhitzt wurde. Dabei ging angeblich quantitativ und ohne dass Methan irgend oxydirt wurde CO und H in Wasser und CO_2 über, die wiederum zur Absorption gebracht wurden. Schliesslich wurde Methan über glühendem Palladiumasbest in Kohlensäure und Wasser verwandelt, welche in einer dritten Gruppe von Absorptionsapparaten aufgenommen wurden.

Dabei ergaben sich folgende Resultate, berechnet auf luftfreies Endgas:

	Wenn der Gefässboden 12 mm über der Brennermündung war.	Wenn die Flammenspitze grade den Gefässboden berührte.
N	75,75	79,17
H_2O Dampf .	13,47	14,29
CO_2	2,99	5,13
CO	3,69	—
CH_4	0,51	0,31
C_2H_2 . . .	0,04	—
H_2	3,55	0,47

Diese Ergebnisse sind in verschiedener Hinsicht nicht befriedigend. Zunächst ist in der Versuchsanordnung eine erhebliche Fehlerquelle enthalten. Ein Leuchtgas mittlerer Zusammensetzung braucht pro Liter 1150 ccm Sauerstoff zu seiner Verbrennung und erzeugt damit ein Rauchgasvolumen von 4,9 l. N und CO_2 — wenn man vom Wasserdampf absieht —, welches aus ca. 12 % CO_2 und ca. 88 % N besteht. Für eine russfreie Verbrennung ist indessen stets das Vorhandensein eines Luftüberschusses erforderlich, so dass bei einer Anordnung, wie sie Lewes gewählt hat, nicht über 9 % CO_2 im Endgas vorhanden sein können. Auf 1 l Leuchtgas werden dann wenigstens 4,9 + 1,6 = 6,5 l Verbrennungsproducte erhalten. Es ist nun nicht angängig, durch einen so complicirten Apparat, wie der von Lewes beschriebene, mehr als 6 ccm Gas pro Sec. hindurchzusaugen. Schon ein kleiner Bunsenbrenner mit 50 l Gasconsum pro Stunde würde aber ein Rauchgasquantum von 325 l pro Stunde erzeugen und damit einen Durchgang von 90 ccm pro Sec. in den Absorptionsapparaten bedingen. Es ist desshalb anzunehmen, dass Lewes nur einen Theil der Rauchgase abgesogen hat, während die Hauptmenge sich einen anderen Weg suchen musste. Dafür aber gewährt die Lewes'sche Anordnung nur eine Möglichkeit, ein Abziehen durch den ringförmigen Raum zwischen Brennerrohr und unterem Boden, durch welchen die Secundärluft zur Flamme tritt. Die Richtung der beiden Gasbewegungen ist die entgegengesetzte, und das Ergebniss ist eine Behinderung des Zutritts der Secundärluft. Unter solchen Verhältnissen musste eine unvollständige Verbrennung eintreten. Das Ergebniss der Lewes'schen Versuche ist also belanglos für die Frage, ob bei unbehinderter Secundärluftzufuhr durch den Einfluss der gekühlten Fläche brennbare Gase aus der Flamme entweichen. Es mag mit diesem Mangel der Lewes'schen Anordnung zusammenhängen, dass die Zusammensetzung seiner Rauchgase sich nicht in Einklang bringen lässt mit der Zusammensetzung eines normalen Leuchtgases. Auch die Methode der fractionirten Verbrennung, welche Lewes auf den Umstand stützt, dass eine Mischung von Methan, Wasserstoff und Kohlenoxyd, welche er derselben unterwarf, mit der volumetrischen

Analyse stimmende Gewichte an Kohlensäure und Wasserdampf gab, ist nicht frei von Bedenken, welche im Verlaufe dieser Abhandlung näher beleuchtet werden.

.Die Verbrennung des Gases in Gasmotoren ist von Slaby bei seinen ausgedehnten Untersuchungen über den calorimetrischen Kreisprocess der Gaskraftmaschine [1]), entsprechend dem mehr mechanisch-, als chemisch-technischen Standpunkte des Verfassers, mehr gestreift als beantwortet worden. Slaby gibt folgende Analysen v. Orth's an·

CH$_4$	H	CO$_2$	O	N	Füllungsverhältnisse
0,6	—	9,8	2,2	87,4	5,9
1,8	0,1	10,4	1,5	86,1	5,9
1,2	—	6,9	7,1	84,8	6,1
0,8	0,5	8,3	2,3	88,1	6,0
—	—	9,1	3,4	87,5	6.4
—	1,0	9,0	3,3	86,7	6,7
—	—	9,2	3,0	87,8	6,3

Die Bestimmungen sind sämmtlich auf volumetrischem Wege ausgeführt, Kohlenoxyd wurde in diesen Analysen nicht gefunden, wohl aber bei späteren Wiederholungen in Spuren entdeckt.

Bei allen calorischen Aufstellungen, welche Slaby im Laufe seiner schönen Untersuchungen macht, nimmt er an, dass bei der Verbrennung des Leuchtgases im Gasmotor das ganze Wärmevermögen desselben wirksam werde Diese Annahme ist wie in dieser Abhandlung gezeigt wird, für gasreiche Füllungen, wie sie Slaby benutzte (Füllungsverhältniss 1 Gas zu 5,9 bis 6,7 Luft), vollständig richtig. Aus den Analysen v. Orth's hätte aber das Gegentheil hergeleitet werden sollen. Das von Slaby benutzte Leuchtgas enthielt 29 % Methan. Bei einem Mischungsverhältniss von 1 Theil Gas mit 6 Theilen Luft enthält das im Gasmotor verpuffende Gemisch folglich $\frac{29}{7} = 4,1$ % Methan; bleiben von diesen 0,6 bis 1,8 % unverbrannt,[2]) d. h. 15 % bis 44 % des gesammten Methans, so bedeutet dies, dass von der Verbrennungswärme des Leuchtgases nur 80 % bis 90 % im Gasmotor wirksam werden.

Bei der Vergleichung der Ergebnisse der Rauchgasanalyse mit den Werthen, welche die Berechnung der Rauchgaszusammensetzung aus der Analyse des Leuchtgases ergibt, findet Slaby folgende Zahlen:

	Berechnet	Gefunden im Mittel
CO$_2$	9,2	9,0
O	4,8	3,3
N	86,0	87,0

Das Manco an Sauerstoff führt Slaby auf Mitverbrennung des Schmieröls zurück. Auch dieser Schluss ist unrichtig. Leuchtgas wie Schmieröl liefern neben verschwindenden Mengen von schwefliger und Schwefelsäure nur Kohlensäure und Wasser-

---

[1]) Verhandlungen des Vereins zur Beförderung des Gewerbefleisses in Preussen 1890, pg 91.

[2]) Die bei der Verbrennung eintretende Contraction ist hier nicht in Rechnung gezogen. Sie bewirkt, dess die Verluste etwas kleiner ausfallen als die im Texte ausgeführte Ueberschlagsrechnung ergibt.

dampf als Producte vollständiger Verbrennung. Für verbrennliche Körper von dieser Eigenschaft gilt aber die Gesetzmässigkeit, dass für gleichen Kohlensäuregehalt im Rauchgase der O-Gehalt um so grösser ist, je grösser das Verhältniss $\dfrac{C}{\text{disponibler } H}$ im Brennstoff ist. Unter disponiblem Wasserstoff ist dabei derjenige Wasserstoff verstanden, welcher sich ergibt, wenn vom Gesammtwasserstoff des Brennstoffs das doppelte Volumen oder $1/8$ des Gewichtes des gebundenen Sauerstoffs gekürzt wird. Diese Gesetzmässigkeit ist von H. Bunte[1]) in graphischer Form sehr anschaulich dargestellt worden. Die Bunte'sche Darstellung möge hier kurz erläutert werden. Man trägt in ein Coordinatensystem auf der Abscissenaxe und auf der Ordinatenaxe in willkürlichen, aber gleichen Abständen die Zahlen 1 bis 20,9 auf und betrachtet die Längen auf der Ordinatenaxe als Procente Kohlensäure, die Längen auf der Abscissenaxe als Procente $CO_2 + O$ für ein beliebiges Rauchgas, welches ausschliesslich CO_2, H_2O und Stickstoff enthält. Dabei ist vorausgesetzt, dass das Rauchgas aus einem Brennstoff durch Verbrennung in Luft entstanden ist, welcher keine festen oder flüssigen Oxydationsproducte neben jenen gasförmigen liefert.

In dieses Coordinatennetz trägt man eine Gerade ein, welche. den Nullpunkt des Abscissenkreuzes mit dem Schnittpunkt der Ordinate und Abscisse auf 20,9 verbindet. Diese Linie ist, wie man sofort einsieht, der geometrische Ort aller Verbrennungen der eben geschilderten Art, bei welchen aller Luftsauerstoff vollständig aufgezehrt wird, für die also $CO_2 = CO_2 + O$; $O = \text{Null}$ ist. Welchem Punkt auf dieser Linie die Verbrennung eines bestimmten Brennstoffs entspricht, hängt ausschliesslich von dem Verhältnis $\dfrac{\text{Kohlenstoff}}{\text{disponibler Wasserstoff}}$ ab. Je kleiner der Werth dieses Bruches wird, um so näher rückt der Punkt an den Nullpunkt des Coordinatenkreuzes; je grösser er wird, um so weiter rückt er davon ab. Ist die Zusammensetzung eines Brennstoffs gegeben, so ist die Lage des Punktes sehr leicht zu berechnen. Für Methan gestaltet sich diese Rechnung wie folgt.

Zur Verbrennung von CH_4 werden verbraucht 2 O_2. Es entsteht 1 CO_2. Von 100 Luft entstehen darnach

$$\left.\begin{array}{ll} 10,45 & CO_2 \\ 79,1 & N \end{array}\right\} 89,55,$$

während 10,45 O durch Uebergang in Wasser aus dem Gase verschwinden. Das entstehende Rauchgas enthält foglich in 100 Theilen

$$\begin{array}{ll} 11,67\,\% & CO_2 \\ 88,33\,\% & N. \end{array}$$

Der Punkt für die Verbrennung mit der theoretischen Luftmenge liegt also im Diagramm an der Stelle, wo sich die Abscisse und die Ordinate auf 11,67 schneiden. Verbindet man diesen Punkt mit dem Punkte 20,9 auf der Abscissenaxe, so ist diese Gerade der geometrische Ort aller Summen von Kohlensäure $+$ Sauerstoff, welche bei Verdünnung des theoretischen Rauchgases von 11,67% Kohlensäure mit irgend welchem Luftüberschuss erhalten werden.

Zeichnet man in dieser Weise die Rauchgaslinien für Leuchtgas und für Schmieröl in ein Coordinatennetz ein, so ergibt sich die folgende von Bunte bereits dargestellte Figur 11.

---

[1]) Muspratt, Technische Chemie, Band 4: Heizstoffe, pg. 314.

Man ersieht daraus auf das Deutlichste, dass der Sauerstoffgehalt für gleiche procentische Mengen an Kohlensäure um so mehr steigt, je mehr Schmieröl mitverbrennt.[1]

Die nachfolgende Beschreibung der Versuche, welche zur Aufklärung dieser Fragen unternommen wurden, gliedert sich in 4 Abschnitte:

1. Versuchsanordnung zur Analyse der Verbrennungsproducte.

2. Versuche, um die Bedingungen kennen zu lernen, unter denen die brennbaren Bestandtheile der Rauchgase fractionirt verbrannt werden können.

3. Die Untersuchung der Verbrennungsgase von Heizflammen.

4. Die Untersuchung der Auspuffgase von Gasmotoren.

Der dritte und vierte Hauptabschnitt zerfällt je in 5 Unterabtheilungen: a) Gasentnahme, b) Gesammtverbrennung der brennbaren Bestandtheile dieses Gases, c) qualitative Versuche über die Art der brennbaren Bestandtheile, d) deren quantitative Trennung. Im fünften Abschnitt sind die Schlussfolgerungen zusammengestellt.

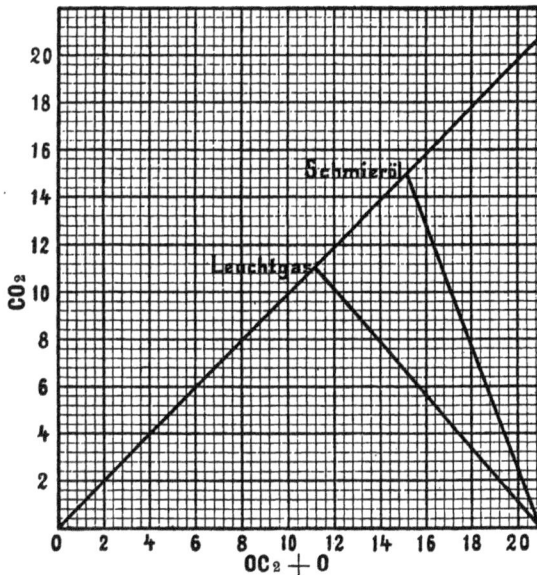

Fig. 11.

I. Die Versuchsanordnung.

Die ersten Beobachtungen bei den untersuchten Gasen lehrten, dass der Gehalt an brennbaren Bestandtheilen selbst im ungünstigten Falle nicht 1 % erreichte. Die volumetrische Analyse war deshalb nicht zweckmässig, und der gewichtsanalytische Weg wurde als der genauere vorgezogen. Daraus ergab sich folgende Anordnung:

1. Entfernung des Wasserdampfes.

2. Entfernung der Kohlensäure.

---

[1] Es ist dabei im Wesentlichen gleichgültig, ob ein mineralisches Schmieröl oder ein vegetabilisches verwandt wird. Beide haben für das Verhältniss $\dfrac{\text{Kohlenstoff}}{\text{disponibler Wasserstoff}}$ sehr nahe den gleichen Werth $^1/_2$.

6

3. Ueberführung der leicht verbrennlichen Bestandtheile in Kohlensäure und Wasser.

4. Entfernung des neugebildeten Wasserdampfes.

5. Entfernung der neugebildeten Kohlensäure.

6. Ueberführung der schwerverbrennlichen Bestandtheile in Kohlensäure und Wasserdampf.

7. Entfernung des neugebildeten Wasserdampfes.

8. Entfernung der neugebildeten Kohlensäure.

3, 4, 5 konnten mit 6, 7, 8 vereinigt werden, wenn statt einer fractionirten eine Gesammtverbrennung vorgenommen wurde.

Ohne Verbrennung auf absorptiometrischem Wege konnte von den brennbaren Bestandtheilen das Acetylen als Silberverbindung bestimmt werden. Diese Bestimmung wurde aus Zweckmässigkeitsgründen nicht in die grosse Verbrennungsapparatur eingeschaltet, sondern gesondert vorgenommen.

Mit der Entfernung des Wasserdampfes war die Entfernung fein vertheilter flüssiger Bestandtheile aus dem Gase zu verbinden. Solche staubförmige flüssige Bestandtheile sind im Gasmotorenabgas stets vorhanden und wahrscheinlich als Ursache für die irrigen Ergebnisse v. Orth's anzusprechen. Sie entstehen nicht aus dem Leuchtgase, sondern durch Emulsion von Schmieröl im Gasstrome. Bei der Verbrennung an kalten Flächen bilden sie sich unter später zu erörternden Bedingungen aus dem Leuchtgase.

Zur Entfernung des Wasserdampfes und des flüssigen Staubes aus den Rauchgasen wurden dieselben zuerst durch ein Chlorcalciumrohr und darnach durch eine Winkler'sche Absorptionsschlange, welche mit concentrirter Schwefelsäure gefüllt war, geleitet. An der Düse, welche in die Schlange am Beginn der ersten Windung eingeschmolzen ist, condensirten sich sämmtliche flüssigen Bestandtheile, indem sie sich unter Rothfärbung in der Schwefelsäure lösten. Hinter dieser Schlange passirten die Gase ein Rohr mit staubförmigem Phosphorpentoxyd.

Sie gelangten auf diese Weise vollständig getrocknet zu den Apparaten, welche die Kohlensäure aufnahmen. In diesem Zustande werden sie durch feste Absorptionsmittel — Natronkalk — nicht sicher gänzlich ihrer Kohlensäure beraubt. Flüssige Absorptionsmittel — Kalilauge — veranlassen keine so innige Berührung des Gases mit der Flüssigkeit, welche es in Blasen durchstreicht, wie sie beim Durchgang durch feinkörnige, feste Absorptionsschichten statt hat. Die quantitative Entfernung der Kohlensäure ist deshalb besonders bei raschem Gasstrome durch Kalilauge nicht sicher. Deshalb wurden beide Verfahren combinirt. Das Rauchgas passirte zuerst einen Geissler'schen Kaliapparat mit Kalilauge, dann ein U-Rohr mit Natronkalk[1]). An dieses U-Rohr schloss sich wieder ein Geissler'scher Kaliapparat mit concentrirter Schwefelsäure, an welchen ein Röhrchen mit P_2O_5 durch Siegellack angekittet war. Auf diese Weise wurde sämmtliche Kohlensäure quantitativ entfernt. Ein hinter dem letzten Apparat angeordnetes Gefäss mit Barytwasser blieb bei stundenlangem Durchleiten von Gas vollständig ungetrübt. Hinter jeder der beiden Verbrennungsvorrichtungen befand sich zunächst ein Geissler'scher Kaliapparat mit Kalilauge und einem Anhängeröhrchen mit P_2O_5 und darauf jene Gruppe von drei Apparaten, wie sie eben beschrieben wurde, zur Aufnahme der Kohlensäure.

---

[1]) Für die Entfernung der Kohlensäure ad 2) war noch ein zweites U-Rohr hinter dem ersten angeordnet, welches in seiner vorderen Hälfte mit Natronkalk, in seiner hinteren mit Chlorcalcium gefüllt war.

Gewogen wurden sämmtliche Kohlensäureabsorptionsapparate und die beiden Wasserabsorptionsapparate hinter den Verbrennungsvorrichtungen.

Das Gewicht der Trockenapparate vor der ersten Kohlensäureabsorption wurde nicht ermittelt. Richtige Zahlen für das Wasserdampfgewicht des Rauchgases wären einmal schwierig auszumitteln gewesen, andererseits war diese Bestimmung belanglos, da aus der bekannten Zusammensetzung des Leuchtgases und der gewogenen Menge der Kohlensäure des Rauchgases, das Wasserdampfgewicht leicht herzuleiten ist.

Von den gefundenen drei Kohlensäure- und zwei Wassergewichten ist bei jedem Versuch folgende Verwendung gemacht worden: Es wurde erstens das Verhältniss der Summe aller drei Kohlensäuregewichte zu den Summen der Kohlensäuregewichte hinter den Verbrennungsapparaten berechnet. Dieses Verhältniss bildet ein Maass für die Vollständigkeit der Verbrennung bei dem untersuchten Vorgang und ist deshalb als Unvollständigkeitsgrad später in den Zusammenstellungen aufgeführt. Es wurde ferner von den hinter den Verbrennungsvorrichtungen gefundenen Gewichten das Atomverhältniss $C : H$ sowohl für die beiden Gruppen getrennt, als für die addirten Kohlensäure- und Wassergewichte abgeleitet. Dieses Verhältniss gestattet eine Reihe von Schlüssen: $C : H = 1 : < 1$ beweist die Anwesenheit von CO; $C : H = 1 : > 4$ die von freiem Wasserstoff; weitere Schlüsse daraus sind später dargelegt und begründet.

Zu den beschriebenen Vorrichtungen für Wägung der Kohlensäure und des Wassers trat noch ein grosser Sammelballon, welcher zur Messung des untersuchten Rauchgasvolumens diente, und von dem bei Beschreibung der Gasentnahme weiter die Rede sein wird. Es war ferner vor die ganze Apparatur ein T-Stück gesetzt welches erlaubte, Momentanproben des eintretenden Gases mit der Bunte-Burette abzunehmen, um den Kohlensäuregehalt volumetrisch zu bestimmen.

Alle Apparate schlossen Glas an Glas. Die Dichtheit wurde jedesmal zu Beginn des Versuches geprüft, indem festgestellt wurde, dass unter dem Zuge oder Drucke einer Wassersäule von 2 m Höhe durch die einseitige verschlossene Apparatur kein Blasendurchgang statt hatte. Die Gasgeschwindigkeit in der Verbrennungsapparatur wurde stets erheblich unter 3 ccm pro Sec. gehalten. Bis zu dieser Grenze war die Absorption vollständig, indem Barytwasser hinter den Kohlensäureabsorptionsapparaten klar blieb. Zur Verbrennung der geringen Mengen brennbarer Gase kamen Vorrichtungen verschiedener Art zur Verwendung. Anfangs wurde ein kurzes Verbrennungsrohr, welches mit Kupferoxyd gefüllt und an den Enden vor der Lampe verjüngt war, benutzt. Um kleine Mengen von Methan sicher zu verbrennen, musste sehr hoch erhitzt werden. Dies geschah durch einen Flachschlitzbunsenbrenner mit parallelopipedischem Schornstein. Dabei wurden die Rohre bald unbrauchbar. Beschlagen mit Chamotte sicherte ihre Haltbarkeit, bedingte aber eine wesentlich stärkere Flamme, um das durch den Chamottemantel verdickte Rohr genügend hoch zu erhitzen. Der Bequemlichkeit wegen wurde deshalb das Kupferoxydrohr durch eine Drehschmidt sche Platin-Capillare ersetzt, die mit Winkler'schen Kühlansätzen versehen war. Diese Capillare, welche im obersten Theil des Flachschnittbrenners zur Weissgluth erhitzt und auf das Sorgsamste vor Berührung mit der grünen reducirenden Flammenzone geschützt wurde, befriedigte nicht mehr, als die Versuche mit fractionirter Verbrennung die Erreichung der möglichsten Genauigkeit erforderlich machten. Die Capillare erlaubt nämlich sehr kleinen, aber wägbaren Mengen der Flammengase — CO und H — den Durchgang, so dass bei mehrstündigen Versuchen die Gewichte an CO_2 und H_2O hinter diesem Rohr um ein weniges zu gross gefunden werden.

Es wurde versucht, eine anologe Vorrichtung mit undurchlässigen Wänden zu schaffen, indem eine innen und aussen glasirte Porcellanröhre von 2 mm lichter Weite und 1 mm Wandstärke mit einem starken Platindraht durchzogen wurde, an welchen mit einem feinen Palladiumdraht Platinasbest angewunden war. Der Platinasbest russt aber in dem engen Querschnitt des Gasdurchgangs entsprechend der grossen Geschwindigkeit, welche das Gas dort besitzt, rasch ab, und die Verbrennung von Methan wird dann unvollständig. Deswegen gelangte für die Versuche über fractionirte Verbrennung ein weiteres Verbrennungsrohr aus Glas (6 mm lichte Weite) zur Benutzung, welches auf eine Länge von 30 cm mit Platinasbest gefüllt war und in einem kurzen Verbrennungsofen, in dünnes Asbestpapier eingeschlagen, bis zur beginnenden Erweichung erhitzt wurde. Dieses Rohr bewährte sich gut. Der Erweichungspunkt des verwendeten Glases lag, wie gelegentlich der vorausgehenden erscheinenden Abhandlung beschriebenen Versuche mit dem elektrischen Ofen ermittelt worden war, bei ca. 750°. Methan verbrennt über Platinasbest bei 404° bis 414° (vergl. Phillipps Researches upon the Phenomena of Oxidation and chemical Properties of Gases, Dissertation. Transactions of the Americain Philosophical Society Vol. 18, 26. Mai 1893.) Die quantitative Entfernung aller brennbaren Bestandtheile war also vollständig gesichert.

Zur Prüfung der Fehlergrenzen der Bestimmungen wurden folgende blinden Versuche ausgeführt, bei denen Luft durch die Apparatur gesogen wurde, welche in der beschriebenen Weise für einmalige Gesammtverbrennung des Brennbaren aus 8 gewogenen Absorptionsapparaten und einer Verbrennungsvorrichtung zusammengesetzt war.

Durchgeleitetes Luftvolumen

Temp.	Druck.	Volum	
18°	759,5	10,85 l	} a
16°	758,0	23,10 l	} b
19°	748,0	21,80 l	} c

Hinter dem Verbrennungsrohr gefunden

	Kupferoxydrohr	Drehschmidt-Capillare	
	a	b	c
CO_2	0,0023	0,0061	0,0032
H_2O	0,0004	0,0045	0,0066

II. Fractionirte Verbrennung.

Die fractionirte Verbrennung würde, wie Hempel ausgesprochen hat, ein vollkommenes Mittel zur Trennung von Gasgemischen abgeben, wenn es gelänge, die einzelnen brennbaren Gasbestandtheile successive herauszubrennen. Dieses Herausbrennen der einzelnen Bestandtheile müsste naturgemäss mit dem Wasserstoff beginnen, der vor Kohlenoxyd und Kohlenwasserstoffen durch die niedere Temperatur ausgezeichnet ist, bei der er sich über Platin und Palladium mit Sauerstoff vereinigt. Neben Wasserstoff war in dem Rauchgase bei unvollständiger Verbrennung in erster Linie CO zu vermuten, da die Versuche von A. Smithells[1]), Ingle, L. Dent und B. Lean und W. A. Bone[2]) CO und H als die typischen Erzeugnisse einer unvoll-

---

[1]) Journ. Chem. Society 1892, 61. 204; 1894, 65. 603.

[2]) Ebenda 1892, 873. An dieser Stelle sind auch die älteren Arbeiten von Dalton und Kersten über denselben Gegenstand besprochen.

ständigen Verbrennung erwiesen haben. Es war deshalb zunächst zu untersuchen, ob sich Wasserstoff von Kohlenoxyd abfractioniren lasse. Eine Beobachtung von Phillipps (l. c.) schien dagegen zu sprechen. Phillipps sagt nämlich: »The addition of hydrogen to a mixture of air and carbon monoxide lowers the temperature of oxidation of the carbon monoxide by palladium asbestos. While the carbon monoxide alone in air war oxidized at temperatures above 300⁰ in presence of hydrogen it may yield CO₂ below 100⁰.« Beobachtungen, welche E. v. Meyer[1]) anlässlich seiner ausgedehnten Untersuchungen über das vermeintliche Bunsen'sche Gesetz der sprungweisen Oxydationen angestellt hat, weisen auf einen besonderen Zusammenhang hin, welcher zwischen Kohlenoxyd, Wasserstoff und Sauerstoff in Gegenwart von fein vertheiltem Platin besteht, ohne für die vorliegende Frage einen näheren Anhalt zu geben.

Auch die älteren Untersuchungen von Turner und Henry geben über diese Frage keine genügende Aufklärung.[2]) Turner[3]) untersuchte die Einwirkung fein vertheilten Platins, welches auf Pfeifenthon aufgebracht war, gegen im Eudiometer abgesperrte Gasgemische. Seine Ergebnisse, soweit sie hier von Belang sind, besagen, dass CO in einer mit seinem Partialdruck abnehmenden Stärke die Wirkung des Platinschwammes auf »Knallluft« vermindert und dass Steinkohlengas und Aethylen ähnliche Wirkungen zeigen. Henry[4]) fand, »dass Kohlenoxydgas mit Knallluft gemengt durch den Platinschwamm mit dem Wasserstoffgase zugleich etwas oxydirt werde, dass es aber übrigens ihrer gegenseitigen Einwirkung sehr hinderlich sei, dass ölbildendes Gas sich ebenso verhalte, aber in geringerem Grade und dass dagegen gewöhnliches Kohlenwasserstoffgas fast keine Wirkung zeigte.«

Meine Versuche lehren, dass die Angaben von Phillips richtig, aber nicht erschöpfend sind. Kohlenoxyd und Wasserstoff lassen sich weder über Platin noch über Palladium, weder in concentrirtem noch in verdünntem Zustand auseinander fractioniren. Wasserstoff erniedrigt, wie Phillips richtig bemerkt, die Verbrennungstemperatur des Kohlenoxyds, umgekehrt aber erhöht Kohlenoxyd die Verbrennungstemperatur des Wasserstoffs. Mit Kohlenoxyd gemengter Wasserstoff bleibt unverbrannt bei Temperaturen, bei welchen er unter sonst gleichen Verhältnissen sich über Platin oder Palladium oxydirt.

Beide Gase beginnen gemeinsam zu verbrennen bei einer Temperatur, welche mit abnehmendem Verhälniss $\frac{H}{CO}$ höher, mit zunehmendem niederer wird. Bei kleinen Mengen CO im Wasserstoff tritt deshalb, wie Phillips zutreffend beobachtet, Kohlensäurebildung schon unter 100⁰ C. ein. Die gegenseitige Beeinflussung beider Gase ist bei gleichem Verhältniss $\frac{H}{CO}$ von verschiedener Stärke je nach dem Partialdruck der Gase. In CO- und H-reichen Gemischen genügt ein Verhältniss $\frac{H}{CO} = 40$, um die Verbrennungstemperatur des Wasserstoffs wesentlich zu erhöhen. In gasarmen muss

---

[1]) Journ. für prakt. Chemie 13, 1876, pg. 122 ff., vergl. auch Dixon, J. Chem. Soc. 1886, Bd. 49, pg. 94.

[2]) Die Originalarbeiten, welche Berzelius in seinem Jahresberichte referirt, waren mir nicht erreichbar.

[3]) Berzelius Jahresbericht, 5. Band, 1826, S. 167 ff.

[4]) Berzelius Jahresbericht, 6. Band, 1827, S. 147 ff.

das Verhältniss kleiner sein. Indessen reichen 0,03% CO aus, um die Verbrennungstemperatur von 0,1 proc. Wasserstoff so wesentlich zu ändern, dass diese Aenderung als analytischer Nachweis für CO benutzt werden kann.

Die Verbrennung eines Gemisches von CO und H ist bei der Temperatur, bei welcher sie beginnt, nicht vollständig, es verbrennt nur ein Theil beider Gase. Steigert man die Temperatur, so verbrennen grössere Mengen beider Gase und zwar nimmt der Wasserstoff mit zunehmender Temperatur in stärkerem Procentsatz an der Verbrennung Theil als das Kohlenoxyd. Die letzten Antheile Wasserstoff aber verbrennen erst, wenn man so hoch erhitzt, dass auch Kohlenoxyd ganz oder nahezu vollständig verbrennt.

Für Gemische von Kohlenwasserstoffen mit Wasserstoff und Kohlenoxyd ist deshalb ein successives Herausbrennen der einzelnen Bestandtheile unmöglich und man muss sich darauf beschränken, diejenigen Gase, welche bei der vollständigen Verbrennung von CO und H unverändert bleiben, abzusondern. Dieser Weg wurde zu einer Trennungsmethode für CO, H, CH_4 in sehr verdünntem Zustande ausgebildet. Die für diese Versuche benutzten Gase H, CO, CH_4 wurden in folgender Weise dargestellt:

H elektrolytisch oder aus Zink und Schwefelsäure und etwas Kupfervitriol. Im letzteren Falle wurde er mit Permanganat in concentrirter neutraler Lösung gewaschen. Für die Vorversuche diente käuflicher H (Theodor Elkan in Berlin).

CO. Aus Blutlaugensalz und Schwefelsäure. Die alte Angabe, dass bei diesem Process starkes Aufschäumen eintritt, bezieht sich auf unzweckmässige Manipulation. Gepulvertes, gelbes Blutlaugensalz löst sich in dem neunfachen Gewichte concentrirter Schwefelsäure bei vorsichtigem Erwärmen ruhig auf und entwickelt dann ohne erhebliches Schäumen in ruhigem Strome CO. Das Gas wurde durch eine Emulsion von Eisenoxydulhydrat in Kalilauge gereinigt und über ihr aufbewahrt.

CH_4 aus Zinkstaub und Chloroform oder aus Jodmethyl und Zinkkupfer nach Gladstone und Tribe. Die Verkupferung geschieht für die letztere Darstellung zweckmässig mit Zusatz einer Spur Schwefelsäure zu 2 proc. Kupfersulfatlösung. Zur Reinigung wäscht man das Gas in beiden Fällen mit Olivenöl und darauf nachdrücklich mit Wasser[1]). Die Gase wurden in nahezu 100 proc. Reinheit in kleinen Behältern gesammelt und analysirt. Für die einzelnen Versuche wurden entsprechende Mengen in einen ausgewogenen Experimentirgasometer übergefüllt, mit Luft verdünnt, durchgemischt und nochmals analysirt.

Vom Experimentirgasometer gelangten die Gasgemische durch eine grosse Winkler'sche Absorptionsschlange mit Kalilauge entweder direct — oder nach Trocknung durch eine zweite Schlange mit H_2SO_4 und ein Rohr mit staubförmigem P_2O_5 — zum ersten Verbrennungsapparat. Dieser bestand in einem Glasrohr, dessen Form und Füllung wechselte und das bis 100° im Wasserbade bis 300° im Paraffinbade bis 500° im Natriumnitratbade erhitzt wurde. Für die speciellen Temperaturen von 179°, 234° und 448° dienten Anilin, Chinolin und Schwefel als Siedeflüssigkeiten. Für Anilin und Chinolin wurde ein Victor Meyer'sches Toluolbad ohne Luftkanal benutzt, welches mit Paraffin gefüllt war. Im Paraffin lag die Verbrennungsvorrichtung, in den Dampf des siedenden Schwefels wurde sie direct eingehängt. Die Bildung

---

[1]) Das aus Jodmethyl gewonnene Methan wird durch Olivenöl nicht leicht vollständig vom Ausgangsmaterial befreit. Es muss alsdann natürlich mit rauchender Schwefelsäure und Kalilauge behandelt werden.

von Wasser in den Verbrennungsapparaten wurde entweder qualitativ durch einen Feuchtigkeitsindicator oder quantitativ durch einen gewogenen Apparat mit Schwefelsäure und Phosphorpentoxyd dargethan. Als Feuchtigkeitsindicator diente ein Gemenge aus gepulvertem gelbem Blutlaugensalz und gepulvertem Eisenammoniakalaun, die beide getrennt entwässert und darauf gemengt wurden. Dieser Indicator bläute sich, als 50 ccm bei 20° C. mit Wasserdampf gesättigter Luft = 0,00084 g H_2O darüber geleitet wurden. Wasserfreies Kupfersulfat zeigte unter gleichen Verhältnissen minder deutliche Bläuung. Bei der Untersuchung von Gasen mit geringem Wasserstoffgehalt wurde die Wasserbildung quantitativ durch Wägung des Absorptionsapparates ermittelt. Die Entstehung von CO_2 wurde quantitativ durch eine Gruppe von drei Apparaten, wie sie früher beschrieben wurden, qualitativ durch vorgelegtes Kalkwasser geführt. Die Kalkwassermenge muss stets sehr klein sein. Frisch gefälltes $CaCO_3$ löst sich nach Fresenius in 16 600 g H_2O entsprechend 60 mg pro Liter. Bei längerem Kochen von zweifach kohlensaurem Kalk bleiben nach anderen Angaben (Hofmann, Weltzien) 34 bis 36 mg $CaCO_3$ pro Liter gelöst. Legt man diese letzten Zahlen zu Grunde, so würde in 100 ccm Kalkwasser, die durch Verbrennung von 1,5 ccm CO gebildete CO_2 noch keine Trübung veranlassen. Der Eintritt der Verbrennung eines stark verdünnten Kohlenoxyds wird deshalb leicht übersehen, wenn mehr als 3 ccm Kalkwasser vorgelegt werden. Die Vollständigkeit der Verbrennung wurde controlirt, indem die wieder getrockneten Gase durch eine zweite hoch erhitzte Verbrennungsvorrichtung — Platinasbast — geführt und die neugebildeten Mengen von Wasserstoff und Kohlenoxyd qualitativ oder quantitativ in derselben Weise beobachtet werden.

Vorversuche.

Verbrennungsvorrichtung siehe Fig. 2.

Platinasbest nach Winkler's Vorschrift 25 proc. bis 30 proc. dargestellt im Wasser- bzw. Paraffinbade in einem U-Rohr von ca. 3,5 mm lichter Weite.

Verwendetes Gas: CO chemisch rein, H käuflich.

I. 15,5 % CO in Luft trocken oxydirte sich schwach bei 224° bis 227,5°, lebhaft bei 235° bis 236°, quantitativ bei 275 bis 280° Eine lebhafte Tendenz zu Erglühen wurde durch ganz langsamen Gasstrom 0,5 ccm pro Secunde unwirksam gemacht. Vor jedem Versuch wurde eine Pause von mehreren Minuten gemacht um die Temperatur des Bades und des Asbestes sich ausgleichen zu lassen.

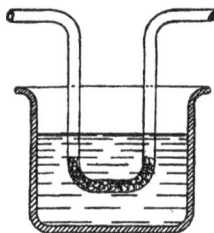

Fig. 12.

Dasselbe Gas feucht oxydirte sich schwach von 220°, lebhaft von 230° aufwärts.

II. 8,6 % H in Luft verbrannte bei zwei längeren Versuchen bei den willkürlich gewählten Temperaturen von 82 bis 90° feucht, 64 bis 69° trocken bis auf Spuren, welche möglicherweise einer geringen Menge eines Kohlenwasserstoffs im käuflichen Wasserstoff zuzuschreiben sind.

13,7 % Wasserstoff wurde auf die Temperatur der beginnenden Wasserbildung geprüft und oxydirte sich bei einer Reihe von Versuchen stets zwischen 35° und 37° C. unter ruhigem Erglühen des Asbestes.

III. $\left.\begin{array}{l} 5,2\% \text{ CO} \\ 3,4\% \text{ H} \end{array}\right\}$ in Luft trocken gab bei 200° weder CO_2 noch Wasser, bei 207° setzte die Verbrennung mit Heftigkeit — kleine Explosion — unter gleichzeitiger Bildung beider Verbrennungsproducte ein.

IV. $\dfrac{15{,}5\,^0/_0\ \mathrm{H}}{7{,}0\,^0/_0\ \mathrm{CO}}\Big\}$ trocken in Luft. Dieselbe Erscheinung wie bei III trat bei 165^0 nach zwei übereinstimmenden Beobachtungen ein.

V. $\dfrac{8{,}6\,^0/_0\ \mathrm{H}}{0{,}6\,^0/_0\ \mathrm{CO}}\Big\}$ trocken in Luft. Verbrennung beginnt unter Erglühen ohne Explosion bei 120^0 C.

VI. $\dfrac{8{,}6\,^0/_0\ \mathrm{H}}{0{,}1\,^0/_0\ \mathrm{CO}}\Big\{$
trocken in Luft wie V, bei 52^0 C. bis 53^0 C.
feucht »   »   »   »   »   67^0 C. bis 70^0 C.

Mit dieser Verdünnung des Kohlenoxyds war also die untere Grenze erreicht, von welcher aufwärts ein Gehalt an Kohlenoxyd die Verbrennungstemperatur 8,6 proc. Wasserstoffs merklich erhöhte.

Bemerkenswerth ist das Einsetzen der Verbrennung unter Explosion bei höheren Kohlenoxydgehalten. Phillips betont zutreffend, dass eine schwache Ueberhitzung des katalytischen Platinmetalls über den Verbrennungspunkt des Wasserstoffs noch nicht hinreicht, um einen explosiven Beginn der Oxydation zu veranlassen. Mit dem Eintritt der Verbrennung muss also eine plötzliche erhebliche Zustandsänderung in dem Verhältniss der vier Körper CO, H, O, Platin statthaben, anderenfalls könnte die Temperatur der beginnenden und die der explosiven Oxydation nicht zusammenfallen.

Hauptversuche.

Dieselbe Anordnung; chemisch reiner Wasserstoff und chemisch reines Kohlenoxyd.

4,94 $^0/_0$ H in Luft.

Beginnende Verbrennung feucht bei 10 Versuchen 40^0 bis 59^0, davon ergaben 6 45^0 bis 50^0, trocken bei 67^0 bis 70^0.

Nach Zumischung von 0,1$^0/_0$ CO feucht stets zwischen 75^0 und 80^0, trocken stets zwischen 100^0 und 120^0.

Nunmehr wurden die Versuchsbedingungen abgeändert. An Stelle des Platins wurde Palladium verwendet, einmal weil vermuthet wurde, dass es in geringerem Grade in seinem Vermögen H zu verdichten und zur Oxydation zu bringen, von CO beeinflusst werden würde, andererseits weil die Temperatur, bei welcher Phillips die beginnende Oxydation des Kohlenoxyds über Paladiumasbest beobachtet hatte, 290^0 bis 359^0, höher lag als sie in diesen Versuchen für Platinasbest gefunden war. Ferner wurde von dem Asbest abgesehen, welcher als schlechter Wärmeleiter immer die Möglichkeit bietet, dass in seinem Innern Metalltheilchen durch die Verbrennungswärme des CO und H eine die Temperatur des Bades weit übersteigende Erhitzung erleiden und mangels Wärmeableitung in derselben verharren, auch ohne dass ein sichtbares Erglühen davon Kenntniss gibt. Die Temperatur des Bades ist dann ganz unerheblich und der Verbrennungsvorgang entspricht nicht ihr, sondern der uncontrollirbaren Erhitzung einzelner Partien der Asbestschicht. Die geeignete Niederschlagung von Palladiummoor auf Drähten von gut leitendem Metall (Silber, Kupfer) ist schwierig. Entweder sitzt das Palladiummoor lose auf und erglüht dann in einzelnen Stäubchen, die den Draht nicht innig genug berühren, um ihre Wärme leicht abzugeben oder einzelne Stäubchen fallen ab und verlieren dadurch jeden Zusammenhang mit der ableitenden Metallmasse. Fest haftende Ueberzüge von Palladium auf Silber und Kupfer besitzen durchaus nicht die Wirksamkeit des Palladiummoors, sondern nähern sich derjenigen des Palladiumdrahtes. Der Einfachheit wegen kam deshalb direct Palladiumdraht zur Verwendung. Anfangs wurde ein Draht benutzt der nach freundlicher Mittheilung des Fabrikanten W. C. Heraeus in Hanau ausser

Palladium 1,4% Platin, sowie 0,4% Eisen und andere Verunreinigungen enthielt, später ein Draht aus Reinpalladium; ein Unterschied zwischen beiden im Verhalten gegen CO und H war nicht wahrnehmbar. Schliesslich wurden statt concentrirter Gase verdünnte gewählt, deren Heizwerth pro Volumeneinheit ein sehr kleiner war.

Durch alle diese Vorkehrungen wurden indessen die beobachteten Beziehungen von CO, H, O und Palladium nicht geändert.

Der Palladiumdraht wurde zunächst in ein U-förmiges Röhrchen von gleicher Form eingezogen, wie es für den Platinasbest benutzt worden war. Dabei ergab sich, dass die Berührung von Gas und Draht eine zu kurz dauernde und unvollkommene war.

0,93% H in Luft trocken

Wasser hinter dem vorderen Verbrennungsrohr 0,0768 g
»   »   » hinteren   »   0,1037 g

Temperatur des ersten Verbrennungsrohres — U-Rohr mit Draht — 300° C. Das zweite Verbrennungsrohr — Glasrohr mit Platinasbest — war auf beginnende Rothgluth erhitzt.

An Stelle der U-förmig gebogenen Röhrchen gelangten deshalb Schlangenrohre zur Verwendung, welche in der Weise hergestellt wurden, dass 55 cm Palladiumdraht dreifach auf 18 cm zusammen gelegt in ein Glasrohr von 3 mm lichter Weite eingeschoben und dieses Glasrohr mit dem einliegenden Draht zu einer Schlange von 3½ Gewindegängen, welche dicht auf einander lagen, in der Flamme zusammen gebogen wurde. Dabei blieb die erste halbe Windung von dem Drahte frei, damit der Gasstrom auf die Badtemperatur vorgewärmt an den Palladiumdraht heranträte. Läuft der Draht beim Biegen durch Oxydation grün an, so wird er leicht durch einen Wasserstoffstrom reducirt, welcher hindurch geschickt wird, während die Schlange noch heiss ist. In einer solchen Schlange verbrannte 1,1% Wasserstoff in Luft trocken bei 350° vollständig. Eine dem zuletzt beschriebenen Versuch analoge Bestimmung ergab: Dauer 5½ Stunden.

Wasser hinter dem vorderen Verbrennungsrohr 0,0647 g
»   »   » hinteren   »   0,0045 g

Das Wassergewicht hinter dem zweiten Verbrennungsrohr schreibt sich wesentlich von der Verwendung der Drehschmidtcapillare an dieser Stelle her.

Weitere gleichartige Bestimmungen ergaben:

1. 0,8% H in Luft, trocken. Temperatur 165° bis 175° C.

Wasser hinter I   0,0580 } Dauer 5 Stunden
»   » II (Drehschmidt-capillare) 0,0078 }

2. ca. 0,1% H in Luft, trocken. Temperatur 177 bis 178° C.

Wasser hinter I 0,0197 g } Dauer 9 Stunden.
»   » II 0,0045 g (Verbrennung über Platinasbest) }

Das durchgeleitete Gasquantum betrug beim letzten Versuch bez. auf 0° in 760 mm 23,6 l. Aus den gefundenen H_2O-gewichten berechnen sich 30 ccm H = 0,12% H.

Die Verbrennung war in den beiden letzten Versuchen ersichtlich keine ganz vollständige. Mit einer neuen Schlange unter Verwendung eines Platinasbestrohres an zweiter Stelle gelang es ihre Vollständigkeit zu erreichen und darzuthun.

3. ca. 0,1% H in Luft

Wasser hinter I 0,0188 g
»   » II 0,0003 g

Kohlenoxyd 0,97 % in Luft trocken rief bei mehrstündigem Durchleiten durch diese Schlangen bei 170⁰ bis 175⁰ in 3 ccm dahinter geschalteten Kalkwassers keine Spur von Trübung hervor.

Wasserstoff verbrannte also in der einen Schlange vollständig, in der anderen zum grössten Theile, bei derselben Temperatur, bei der Kohlenoxyd unverändert blieb[1].

4. $\left.\begin{array}{l} 0,88\,\% \text{ H} \\ 0,97\,\% \text{ CO} \end{array}\right\}$ trocken in Luft wurden langsam über die erste Schlange geführt, passirten darauf Absorptionsgefässe für Wasser und Kohlensäure und wurden in einem zweiten Verbrennungsröhrchen mit Platinasbestfüllung auf Rothgluth erhitzt. Gefunden wurden hinter dem zweiten Verbrennungsrohr

$$CO_2 \; 0{,}2413 \text{ g} = 123 \text{ ccm CO}$$
$$H_2O \; 0{,}0813 \text{ g} = 101 \text{ ccm H}$$

Das Verhältniss der Gase war also durch das Ueberleiten über den erhitzten Draht fast gar nicht geändert worden. Eine Wiederholung des Versuches mit demselben Gasgemisch unter Wägung sämmtlicher Apparate hinter der Schlange und hinter dem Platinasbestrohr ergab

5. $\left.\begin{array}{ll} \text{hinter I } & CO_2 \; 0{,}0085 \\ & H_2O \; 0{,}0058 \\ \text{hinter II } & CO_2 \; 0{,}3684 \\ & H_2O \; 0{,}1334 \end{array}\right\}$ Temp. 177⁰ Dauer 6 Stunden.

Die Steigerung der Verbrennungstemperatur des Wasserstoffs durch die Gegenwart von CO tritt mit aller Schärfe hervor.

Dieselbe Erscheinung, wenngleich in minder energischer Weise, zeigte sich als die zweite Schlange unmittelbar nach dem Versuch, welcher die vollständige Verbrennnng 0,1 % Wasserstoffs gelehrt hatte, mit demselben Gas, welchem 0,03 % CO zugefügt waren, in derselben Schlange unter vollständig gleichen Versuchsbedingungen durchströmt wurde.

6. Es fanden sich (Temp. 177⁰):

$\left.\begin{array}{ll} \text{hinter I } & CO_2 \; 0{,}0113 \\ & H_2O \; 0{,}0141 \\ \text{hinter II } & CO_2 \; 0{,}0063 \\ & H_2O \; 0{,}0053 \end{array}\right\}$ CO_2 Summa $= 0{,}0175$ g $= 9$ ccm CO H_2O » $= 0.0194$ g $= 24{,}2$ » H.

Der Punkt der beginnenden Verbrennung des Wasserstoffs und Kohlenoxyds ist hier entsprechend dem geringen Kohlenoxydgehalt nur so wenig über dem Punkte der beginnenden Wasserstoffverbrennung, dass bei 177⁰, wo die Wasserstoffverbrennung vollständig ist, auch die Hauptmenge des Gemisches bereits oxydirt ist. Die Menge an Wasserstoff, welche unverbrannt bleibt, ist aber noch eine recht ansehnliche, und lässt die hemmende Wirkung des Kohlenoxyds deutlich erkennen.

Für die Verwendung dieser Beobachtungen zum analytischen Nachweis des Kohlenoxyds im Gasmotorenabgas musste noch dargethan werden, dass andere Rauchgasbestandtheile dieser Beeinflussung nicht fähig waren. Dieses Rauchgas enthält verschwindende Spuren Acetylen und erheblich Methan neben Wasserstoff, wie später bewiesen wird. Von anderen Gasen ist die Anwesenheit kleiner Mengen Aethylen

---

[1] Da die Vollständigkeit der Verbrennung davon abhängt, dass der Gasstrom eine genügende Berührung mit dem Drahte erfährt, können kleine Verschiedenheiten der Schlangen leicht die im Texte gedachten Unterschiede in der Vollständigkeit der Verbrennung bei gleicher Gasgeschwindigkeit bewirken.

zwar unwahrscheinlich, aber nicht mit Strenge auszuschliessen. Dass Methan die Wasserstoffverbrennung nicht beeinflusst, steht fest, bei Aethylen wurde es durch folgenden Versuch erwiesen, bei dem zur Begünstigung einer Einwirkung dessen relative Menge gross gewählt wurde.

$$\text{Aethylen} \quad 0,2\,\%$$
$$\text{H} \qquad\quad 0,1\,\%.$$

7. Gefunden hinter der Schlange CO_2 0,0073 $\left.\right\}$ I
$\qquad\qquad\qquad\qquad\quad\; H_2O$ 0,0194

$\qquad$ hinter dem Platinasbest CO_2 0,1464 $\left.\right\}$ II.
$\qquad\qquad\qquad\qquad\qquad\; H_2O$ 0,0618

Die Gewichte hinter II stehen fast genau in dem stöchiometrisch für Aethylen berechneten Verhältniss.

$$\text{Für } 0,1464 \text{ g } CO_2 \text{ berechnete sich } \quad 0,0599 \text{ g } H_2O$$
$$\text{gefunden} \quad \underline{0,0618 \text{ »}}$$
$$\text{Differenz} + 0,0019 \text{ g,}$$

diese Differenz liegt noch innerhalb der Versuchsfehler.

Ein kleiner Theil des Aethylens verbrennt bereits in der Schlange, da Aethylen sehr leicht oxydirbar ist. Phillips fand bei 24 Versuchen, dass Aethylen über Platindraht zwischen 200^0 und 300^0 zu verbrennen begann.

Berechnet man sämmtliche CO_2 auf Aethylen, so ergeben sich $= 39,05$ ccm. Zieht man von dem H_2O hinter I jetzt jene 0,0030 g ab, welche mit den dort gefundenen 0,0073 CO_2 aus Aethylen entstanden sind, so bleiben 0,0164 g $H_2O =$ 20,34 ccm H. Das gravimetrische Ergebnis stimmt also mit dem volumetrischen $1:2$ durchaus überein.

Ein weiterer Versuch ergab, dass eine Trennung in der Weise, dass sämmtlicher Wasserstoff mit einem Theil des Kohlenoxyds aus dem Gasstrom heraus geschafft wurde, nicht anginge.

8. CO $\quad 0,8 - 0,9$ $\left.\right\}$ nach Analyse.
$\quad$ H $\quad\; 1,0 - 1,1$

Temperatur 348^0 bis 367^0.

$$\text{Gewogen } CO_2 \text{ hinter I} \quad 0,1632$$
$$H_2O \qquad\quad \text{»} \quad\text{I} \quad 0,1029$$
$$CO_2 \qquad\quad \text{»} \quad\text{II} \quad 0,0261$$
$$H_2O \qquad\quad \text{»} \quad\text{II} \quad 0,0079$$

Reducirtes Gasvolumen: 12,39 l.

$\qquad$ 0,8 % CO $\left.\right\}$ berechnet aus dem Gasvolumen und den Gewichten.
$\qquad$ 1,1 % H

$$\text{Dauer 6 Stunden.}$$

Der Wasserstoff war procentisch etwas stärker oxydirt worden als das Kohlenoxyd, aber nicht entfernt vollständig herausgebrannt.

So blieb nur übrig, CO und H gemeinsam von Methan zu trennen. Es ergab sich, dass mehrere Liter 3 procentiges CH_4 die im Dampf des siedenden Schwefels erhitzte Schlange in langsamen Strome passirten, ohne eine Spur Trübung im dahinter geschalteten Kalkwasser hervorzurufen. Demgegenüber lieferten Gemenge von CO und H folgende Zahlen:

9a. Gas ca. $1,0\%$ H $\quad$ $2,0\%$ CO $\Big\}$ durch Abmessen und Ueberdrücken in den Experimentir-gasometer.

CO_2 hinter I $\quad$ 0,3382
H_2O » I $\quad$ 0,0665
CO_2 » I $\quad$ 0,0038
H_2O » I $\quad$ 0,0007
$\Bigg\}$ Summa CO_2 0,3420
» H_2O 0,0672

Gasvolumen reducirt 9,825 l.

$1,77\%$ CO
$0,84\%$ H
$\Big\}$ berechnet aus Gasvolumen und Gewichten.

9b. Gas ca. $1,0\%$ H
$2,0\%$ CO.

Gefunden hinter I $\quad CO_2$ $\quad$ 0,3934
H_2O $\quad$ 0,0917
II $\quad CO_2$ $\quad$ 0,0078
H_2O $\quad$ —
$\Bigg\}$ CO_2 Summa
0,4012.

Gasvolumen reducirt 11,6145 l.

fgl. $\%$ CO $\quad$ 1,8
$\%$ H (aus I) 1,0
$\Big\}$ aus Volumen und Gewicht
an CO_2.

9c. Verwendetes Gas ca. $1,0\%$ H
$2,0\%$ CO.

Gefunden hinter I $\quad CO_2$ $\quad$ 0,2311
I $\quad H_2O$ $\quad$ 0,0515
II $\quad CO_2$ $\quad$ 0,0021
II $\quad H_2O$ $\quad$ —
$\Bigg\}$ $CO_2 =$
0,2332

Gasvolumen reducirt 7,499 l.

$1,6\%$ CO_2
$0,7\%$ H (aus I)
$\Big\}$ aus Volumen und Gewicht.

9d. Verwendet Gas ca. $0,25$ H
$0,25$ CO.

Gefunden CO_2 hinter I $\quad$ 0,0692
H_2O » I $\quad$ 0,0323
CO_2 » II $\quad$ 0,0008
H_2O » II $\quad$ 0,0011
$\Bigg\}$ $CO_2 = 0,0700$
$H_2O = 0,0334$

gefunden CO $\quad$ 0,3 $\%$
H $\quad$ 0,34 $\%$.

Die Versuche erweisen, dass die unverbrannt bleibenden Mengen CO und Wasserstoff stets von verschwindender Kleinheit gegen die verbrennenden sind, im ungünstigsten Falle — Versuch 9 b — blieben 2 $\%$ vom CO unverbrannt. Vergegenwärtigt man sich, dass bei allen späteren Versuchen nur Gase mit höchstens 0,33 $\%$ CO untersucht wurden, so wird diese der Verbrennung möglicherweise entgehende Menge von 0,0066 $\%$ CO vollständig verschwindend.

Die Wasserstoffzahlen in 9b und 9c gingen in Folge eines Versuchsfehlers verloren.

III. Verbrennung von Heizflammen.

A. Gasentnahme:

Zur Gewinnung der Verbrennungsgase diente eine von Bunte vorgeschlagene Modification seines Rauchgastrichters, die in der Skizze (Fig. 13) abgebildet ist.[1]) Der dachartig abfallende, rings um das Kochgefäss gelöthete Blechrand bildet einen Sammelraum für die Rauchgase, dessen Füllung sich beständig erneut und durch den seitlichen Ansatzstutzen zum aliquoten Theil durch die Absorptionsapparate gesogen werden kann. Diese ebenso einfache wie sinnreiche Anordnung gestattet die Gewinnung der Gase ohne jede Beeinflussung der Flamme.

Hinter der Apparatur befand sich ein Ballon von 35 l Inhalt, welcher durch eine fallende Wassersäule die Verbrennungsgase aspirirte. Sein Gewicht im gefüllten

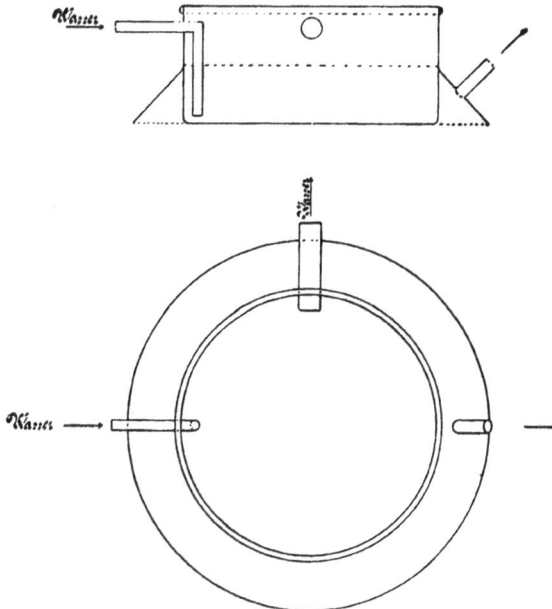

Fig. 13.

Zustande zu Beginn des Versuches und im theilweise entleerten Zustand nach Beendigung desselben gestattete in Verbindung mit Messungen von Druck und Temperatur das Volumen des unabsorbirten Gasrestes genau zu bestimmen. Dieses Volumen vermehrt um das Volumen der Kohlensäure, welches aus der Gewichtszunahme der Absorptionsapparate sich leicht berechnete, gab das Gesammtvolumen der aspirirten Rauchgase und das Verhältniss dieses Gesammtvolumens zu dem Volumen der Kohlensäure den mittleren Kohlensäuregehalt der Rauchgase. Die gefundene Zahl war stets befriedigend übereinstimmend mit den Werthen der Momentanproben, welche am Rauchgasstutzen entnommen wurden.

Zur Erhitzung diente ein grosser Bunsenbrenner von 16 mm Brennerrohrweite in der von Teclu[2]) beschriebenen zweckmässigen Modification, welcher die Variation

---

[1]) Vgl. Vorläufige Mittheilungen etc., Journ. f. Gasbel. 1895, S. 449—450.
[2]) Journ. f. prakt. Chemie 45, S. 281.

des Primärluftgehaltes zwischen 0% und 80% gestattete. Der Brenner stand mit seiner oberen Mündung 18 mm unter der gekühlten Fläche. In der Mitte zwischen der Gasdüse und der Brennermündung war an das Brennerrohr ein seitlicher capillarer Metallstutzen angesetzt, aus welchem mit der Bürette Proben des Gasluftgemisches zur Analyse entnommen wurden.

Die Regelung der Gaszufuhr erfolgte stets so, dass das Rauchgas 6% bis 8% Kohlensäure enthielt. Eine besondere Sorgfalt wurde darauf verwendet, ein Hineinlecken von Flammenzungen in den Gassammelraum zu vermeiden, da solche Flammenzungen, wenn sie in den Rauchgasstutzen hineinschlagen und dort verlöschen, einen höheren Gehalt an unverbrannten Gasen vortäuschen, als den thatsächlichen Verhältnissen entspricht. Die äusserste Flammengrenze musste deshalb von dem Rande der Kühlfläche stets durch einen ansehnlichen Abstand geschieden bleiben.

B. Versuche mit Gesammtverbrennung des Brennbaren.

Beim ersten Versuch (Tabelle I) zeigte sich die Flamme deutlich in zwei Zonen geschieden. Der grüne innere Kegel wurde durch den Gefässboden oben, durch die

Tabelle I.

Versuche mit einem Bunsenbrenner mit regulirbarem Luftzutritt nach Teclu.

No.	1 Gas-Consum pro Stunde l	2 Gas-Druck (mm Wasser)	3 Primärluftgehalt %	4 Kohlensäure der Abgase mit der Bürette bestimmt %	5 Kohlensäure vor dem Verbrennungs-apparat g	6 CO_2 hinter dem Verbrennungs-apparat g	7 Gramme Kohlenstoff	8 H_2O hinter dem Verbrennungsrohr g	9 Gramme Wasserstoff H	10 Volum des Gasrestes bei 0° u. 760° Druck ccm	11 % CO_2 in den Abgasen berechnet aus 5 und 10	12 Unvollständigkeitsgrad der Verbrennung	13 Atomverhältniss C : H	14 % von Unverbranntem berechnet aus CO_2 (6) = CO
I	278	30	79,57 %		2,8411	0,0189	0,0013	0,0061	0,0007	21 595	6,3	0,66		0,4
II	275	29	66,50 »	5,8 %	2,7894	0,0966	0,0263	0,0091	0,0010	21 413	6,2	3,35	1 : 0,4601	2,3
III	277	29	21,77 »	6,7 »	3,2481	0,2573	0,0702	0,0432	0,0048	25 580	7,6	7,64	1 : 0,8206	7,3

Anmerkung 1) Als Verbrennungsapparat diente die Drehschmidtcapillare.

Anmerkung 2) Sobald der Primärluftgehalt klein wird, bilden sich theerige Producte, welche theils an der Kühlfläche abgelagert, theils vom Gasstrom mitgeführt werden. Die im Gasstrom emulsionirten Theerpartikeln werden beim Eintritt in die ungewogene Schlange, welche die Gase vor der Kohlensäureabsorption trocknet, zurückgehalten und färben dort die ersten Antheile der Schwefelsäure roth bis gelbbraun.

Brennermündung unten so begrenzt, dass er den Eindruck eines beide verbindenden Stabes hervorrief. Der äussere violette Mantel zeigte die langsam konisch nach oben sich erweiternde Gestalt, die er bei freibrennender Flamme besitzt bis 8 mm unter dem Gefässboden. Dann breitete er sich mit rasch abnehmender Dicke als violette Schicht längs der Kühlfläche aus. Der Durchmesser des Kreises, in welchem die Flamme längs des Gefässbodens sich ausdehnte, betrug 10 bis 11 cm. Die dunkle Zone, in welcher zwischen Gefässboden und Flamme durch die kühlende Wirkung des Gefässes die Flamme erlischt, war kaum wahrnehmbar.

Beim zweiten Versuch (Tabelle I) war der Primärluftgehalt kleiner. Dadurch war eine Vergrösserung der Flamme — 18,5 cm Durchmesser, — eine reactionslose Zone von merklicher Dicke zwischen Flamme und Gefässboden und ein Verschwinden der scharfen Trennung zwischen innerem und äusserem Flammenkegel bereits nahe über der Brennermündung veranlasst. Die Flamme bildete eine gleichmässige violette Schicht unter dem Gefässboden.

Beim dritten Versuch (Tabelle I) war der Primärluftgehalt noch kleiner, die reactionslose Zone noch dicker. Die Flamme leuchtete schwach und setzte theerige Bestandtheile an der Kühlfläche ab. Bei Abnahme des Kühlgefässes entfaltete sie sich lebhaft flackernd und stark leuchtend. Ihr Durchmesser konnte nicht mehr gemessen werden, da sie jede Straffheit verloren hatte und ihre Grenze unstät hin- und herspielte.

Aus den Versuchen geht mit aller Schärfe hervor, dass der maassgebliche Factor der Primärluftgehalt ist. Die Menge der brennbaren Bestandtheile steigt mit fallendem Primärluftgehalt von Spuren bis zu mehreren Zehntel Procenten.

Das Atomverhältniss C : H lehrt, dass das Brennbare erhebliche Mengen CO enthält.

Dieses Ergebniss besass so viel praktische Bedeutung, dass die Untersuchung zunächst auf einige gebräuchliche Gaskochapparate ausgedehnt wurde.

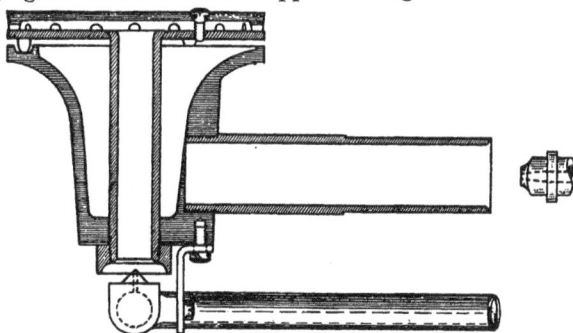

Fig. 14.

Diese Gaskochapparate zerfallen in zwei Gruppen; die eine umfasst jene Herde, welche aus einer Reihe von Oeffnungen eine grosse, schlecht entleuchtete unstäte Flamme ohne sichtbare Trennung der Flammenkegel entwickeln, während in die andere jene Vorrichtungen zählen, welche kleine vollständig entleuchtete Flammenspitzen oder -Scheiben mit grünem Innenkegel und davon scharf geschiedenem violetten Aussenkegel liefern. Man bezeichnet die erste Gruppe anschaulich als Pilz- oder Schwammerlingbrenner, die zweite nach dem ersten Constructeur, welcher solche Herde herstellte, als Wobbe-Brenner.[1]

Die meisten Gaskochapparate deutscher und englischer Provenienz fussen auf der Wobbeschen Anordnung eines horizontalen ,kreisförmigen Schlitzbrenners. Die Abänderungen bestehen darin, dass statt des horizontalen Schlitzes eine Reihe verticaler (Fletscher) oder eine Anzahl übereinanderliegender Schlitze (Siemens) oder ein Ring kleiner Einzelflämmchen (Dessauer Apparat und andere) gewählt werden.

Für die Versuche wurden zwei typische Vertreter jeder Klasse verwendet: für die Pilzbrenner die Heerde von Leclerq Fontenau & Cie. in Paris und Boucher & Cie. in Fumay, für die Wobbebrenner die von Siemens & Cie.[2] und die von Junker & Ruh gefertigten Apparate. Der Junker & Ruh'sche Apparat ist obenstehend abgebildet (Fig. 14).

[1] Wobbe, Journ. f. Gasbel. 1882 S. 222.
[2] Journ. f. Gasbel. 1895 S. 71.

Das Kühlgefäss und die Versuchsanordnung war dieselbe wie bei den Versuchen mit dem Bunsenbrenner. Die Primärluftbestimmung erfolgte in der Weise, dass eine dünnwandige Capillare in den Mischraum dicht unter der Brenneröffnung so eingeführt wurde, dass die Capillare und damit das angesogene Gasluftgemisch kalt blieb.

Ein blinder Versuch, der gleichzeitig ausgeführt wurde, ist zur Veranschaulichung der Fehlergrenzen beigefügt (siehe Tabelle II).

Tabelle II.
Versuche mit verschiedenen Gaskochern.

Bezeichnungs-Nummer	1 Gasconsum pro Std. Liter	2 Gasdruck in mm Wassersäule	3 Primärluft-gehalt %	4 CO₂ der abgase mit der Bürette bestimmt %	5 CO₂ vor dem Verbrennungs-apparate g	6 CO₂ hinter dem Verbrennungsrohr g	7 Gramme Kohlenstoff	8 H₂O hinter dem Verbrennungsrohr g	9 Gramme H₂	10 Volum des Gasrestes bei 0° und 760 mm ccm	11 CO₂ in den Abgasen berechnet aus 5 und 10	12 Unvollständigkeitsgrad der Verbrennung	13 Atomverhältniss C : H	14 %o von Urverbrannten berechnet aus CO₂
Friedr. Siemens & Co. D. R. P. No. 78156 . .	152	30	76,12	7,4 %	2,8510	0,0256	0,0070	0,0032	0,0004	18 099	7,4	0,89	—	0,
Junker & Ruh. D.R.G.M. 25681	232	20	74,36	6,2 %	2,7810	0,0113	0,0031	0,0052	0,0006	19 770	6,7	0,40	—	0,
Leclerq Fontenau & Cie. Paris	—	19	58,28	—	2,8050	0,1766	0,0460	0,0224	0,0025	19 184	7,0	5,92	1 : 0,6228	4,
Boucher & Cie. in Fumay . .	225	—	51,63	—	2,9729	0,6316	0,1722	0,2100	0,0233	20 458	7,8	17,52	1 : 1,6254	15,
derselbe . . .	»	—	»	—	3,1656	0,2209	0,0602	0,0330	0,0037	20 819	7,7	6,52	1 : 0,7323	5,
Mit Luft ausgeführter blinder Versuch . .	—	—	—	—	0,0420	0,0043	—	0,0050	—	24 912	—	—	—	—

Verbrennungsapparat Drehschmidtcapillare.

Sehr instructiv sind die beiden Versuche mit dem Heerde von Boucher & Cie. Die Anordnung dieses Heerdes ist so unglücklich, dass bei Benutzung eines Gefässes von der Grösse des verwendeten die Secundärluft nicht genügend zur Flamme tritt. Das Ergebniss ist eine erhebliche Aenderung des Unvollständigkeitsgrades und des Atomverhältnisses C : H. Es lagen offenbar dieselben Verhältnisse vor, welche Lewes zu seinen irrthümlichen Ergebnissen führten.

Als der Versuch mit etwas höher gesetztem Kühlgefäss wiederholt wurde, verschwand die Abweichung, und die brennbaren Bestandtheile des Rauchgases erwiesen sich nach Quantität und Atomverhältniss übereinstimmend mit den Erwartungen, welche nach dem Primärluftgehalt des Brenners darüber gehegt werden durften.

C. Qualitative Versuche über die brennbaren Bestandtheile dieser Rauchgase.

Der erhebliche Gehalt der Rauchgase an CO erlaubte, den qualitativen Nachweis in der bequemsten Weise mit verdünntem Blut zu führen.

Der Bunsenbrenner befand sich in üblicher Weise unter der Kühlfläche. Der Primärluftgehalt betrug 30% (gefunden 6,27% und 6,3% O). Das Rauchgas enthielt nach zwei übereinstimmenden Analysen 6% CO_2. 15 l desselben wurden langsam durch eine Winkler'sche Schlange mit Kalilauge und ein Reagenzglas mit verdünntem

Blut geführt. Die spectralanalytische Betrachtung des Blutes im Vergleich mit frischem Blut vor und nach Behandlung mit Schwefelammon zeigte CO auf das Deutlichste an.

Freier Wasserstoff wurde nach dem Verfahren von Phillips nachgewiesen, welches darauf beruht, dass von sauerstofffreien Gasen ausschliesslich elementarer Wasserstoff das Vermögen besitzt, in trockenem Zustand aus trockenem reinem Palladiumchlorür Salzsäure frei zu machen.

Die Stellung des Brenners war die nämliche, wie beim Kohlenoxydnachweis. Das Rauchgas wurde durch Kalilauge gewaschen, durch mehrtägiges Verweilen über Phosphor vom Sauerstoff quantitativ befreit und nach Trocknung über Schwefelsäure und P_2O_5 über auf 50° erwärmtes $PdCl_2$ — dargestellt nach Phillips' Vorschrift — geleitet. Dahinter befand sich Silberlösung. Die Reaction war schwach, aber deutlich. Zur Controle wurde festgestellt, dass weder ein Kohlensäurestrom, der getrocknet und durch dieselbe Apparatur geleitet wurde, noch das Rauchgas, wenn es, ohne zuvor über $PdCl_2$ zu gehen in die Silberlösung eintrat, dort Trübung hervorrief.

Auf kleine Mengen Olefine wurde in der Weise geprüft, dass die Rauchgase des Brenners bei wechselnden Primärluftgehalten mit der Bürette abgesogen und sofort in eine Hempel'sche Phosphorpipette eingedrückt wurden. Der Phosphor absorbirte stets Sauerstoff. Solche Mengen von Olefinen, welche diese Absorption hindern, waren also nicht vorhanden. Um für die Menge der schweren Kohlenwasserstoffe des Leuchtgases, welche die Absorption des Sauerstoffs beigemengter Luft durch Phosphor hindern, einen Anhalt zu gewinnen, wurden Mischungen von Leuchtgas mit Luft hergestellt und über Phosphor bei 24° C. gedrückt. Es fand sich, dass 5°/₀ Leuchtgas in Luft diese Wirkung ausübten. Das entsprach bei der Tageszusammensetzung des Karlsruher Leuchtgases 0,17°/₀ Aethylen, bezw. schwere Kohlenwasserstoffe excl. Benzol. Benzol ist ohne Wirkung. 2,5°/₀ Benzoldampf in Luft erwiesen sich für die Reaction des Phosphors auf den Luftsauerstoff nicht als hinderlich. [1]

Ein feinerer Nachweis für Olefine neben CO und H ist nicht bekannt. Die Anwesenheit von hundertstel Procenten an Olefinen blieb deshalb unentschieden.

Acetylen wurde gleichzeitig qualitativ dargethan und quantitativ bestimmt. Dazu wurde das Rauchgas durch ausschliesslich trockne Absorptionsmittel [2] von Kohlensäure möglichst befreit und darauf durch drei vor Belichtung geschützte Absorptionsflaschen mit ammoniakalischer Silberlösung geführt, an die sich der Sammelballon schloss, dessen Einstellung diesmal natürlich erst erfolgen konnte, nachdem durch Einbringen von Schwefelsäure Ammoniak aus dem Gasreste entfernt war.

Acetylenbestimmungen
in den Abgasen einer gekühlten Bunsenflamme.

Primär- luft °/₀	Rauchgase °/₀ CO_2	Acetylen C_2H_2 im Rauchgase °/₀₀	Das Rauchgas enthielt brennbare Antheile °/₀₀ (interpolirt a. Tabelle I und II)	Acetylen macht von den brenn- baren Antheilen aus °/₀
33,49	5,8	0,11	6,5	1,67
30,62	5,8	0,10	6,5	1,62
19,14	6,2	0,19	7,34	2,60
20,57	5,0	0,23	7,34	3,09

[1] Hempel, Gasanalytische Methoden, 2. Auflage, S. 123, giebt an, dass ¼°/₀ Aethylen in Luft die Wirksamkeit des Phosphors gegen den Sauerstoff aufhebe.

[2] Flüssige Absorptionsmittel sind hier verwerflich, da Kali und Natronlauge Acetylen stark zurückhalten.

Acetylen ist also vorhanden, macht aber nur wenige Procente von der Gesammt-menge der brennbaren Bestandtheile aus.

D. Fractionirte Verbrennung.

Die fractionirte Verbrennung war hier sehr erschwert durch den Umstand, dass wesentlich CO neben kleinen Mengen H und Kohlenwasserstoffen vorlag.

Dementsprechend verbrannte bei einem Vorversuch bei 360° bis 380° über der Palladiumdrahtschlange nur wenig.

Primärluft 31,1 %:

a) CO_2-Gehalt der Rauchgase mit der Bürette 7,0 %,

b) CO_2-Gehalt der Rauchgase aus Volumen und Kohlensäuregewicht,

c) Gewichte gefunden

$$
\text{I} \left\{
\begin{array}{lll}
\text{vor der Schlange} & CO_2 & 1,6654 \\
\text{hinter der Schlange} & CO_2 & 0,0497 \\
& H_2O & 0,0055 \\
\end{array}
\right.
$$

$$
\text{II} \left\{
\begin{array}{lll}
\text{hinter dem Platinasbestrohr} & CO_2 & 0,0865 \\
& H_2O & 0,0125 \\
\end{array}
\right.
$$

d) Unvollständigkeitsgrad 7,56,

e) Atomverhältniss C : H in I 1 : 0,541,

f)   »   »   » II 1 : 0,707,

g) Atomverhältniss C : H bei der Summe von I u. II $\left\{ \begin{array}{ll} CO_2 & 0,1362 \\ H_2O & 0,0180 \end{array} \right.$

1 : 0,646

h) Volumen des Gasrestes 10,864 l bei 0° u. 760 mm,

i) Dauer 8 Stunden.

Der Unvollständigkeitsgrad und das Atomverhältniss g) stimmen gut zu den früheren Ergebnissen; die Atomverhältnisse e) und f) weisen auf das Vorhandensein eines schwer verbrennlichen Kohlenwasserstoffs hin.

Ein zweiter Versuch, welcher unter Erhitzung der Schlange im siedenden Schwefel vorgenommen wurde, machte die Existenz eines solchen im Rauchgas evident.

Primärluft 25,84 %:

a) CO_2 im Rauchgas mit der Bürette $\left\{ \begin{array}{l} 4,9 \%, \\ 5,1 \%, \end{array} \right.$

b) »   »   »   aus Volumen u. CO_2 Gewicht 5,26 %

c) Gewichte gefunden

$$
\begin{array}{llll}
\text{vor der Schlange} & & CO_2 & 1,8771 \\
\text{hinter der Schlange} & \text{I} \left\{ \begin{array}{l} CO_2 \\ H_2O \end{array} \right. & \begin{array}{l} 0,1055 \\ 0,0069 \end{array} & \\
\text{»   »   »} & & & \\
\text{hinter dem Platinasbest} & \text{II} \left\{ \begin{array}{l} CO_2 \\ H_2O \end{array} \right. & \begin{array}{l} 0,0140 \\ 0,0087 \end{array} & \\
\text{»   »   »} & & &
\end{array}
$$

$CO_2 = 0,1195$

$H_2O = 0,0156$

d) Unvollständigkeitsgrad 6,0,

e) Atomverhältniss C : H in I, 1 : 0,32,

f)   II, 1 : 3,04,

g)   »   C : H in der Summa von I u. II 1 : 0,638,

h) Volumen des Gasrestes = 17,197 l bei 0° u. 760 mm.

Hier ist unverkennbar, dass neben CO und H ein wasserstoffreicher Kohlenwasser-stoff vorliegt. Die gefundenen Zahlen hinter dem zweiten Verbrennungsrohr sind zu klein, um in Rücksicht auf die Versuchsfehler sichere Schlüsse zuzulassen. Die

Annahme, dass hier Methan und Acetylen vorliegt, hat aber die Wahrscheinlichkeit für sich. Acetylen[1]) ist so schwer verbrennlich, dass seine Verbrennungsproducte erst hinter dem Platinasbestrohr erwartet werden dürfen. Sein Vorhandensein ist im Abschnitt C dargethan. Methan ist wahrscheinlich, weil es als schwerst verbrennlicher Leuchtgasbestandtheil am leichtesten in Spuren unverbrannt der behinderten Flamme entschlüpfen kann, und weil kein anderer Bestandtheil des Leuchtgases und kein Product der unvollständigen Verbrennung (CO, H, C_2H_2) das Atomverhältniss hinter II über 1 : 2 hinaus steigern könnte. Berechnet man die gefundenen Gewichte CO_2 und H_2O vor der Schlange auf Volumenprocente des Rauchgases an CO und H, hinter der Schlange auf CH_4 und C_2H_2, so folgt:

$$CO \quad . \quad . \quad . \quad . \quad . \quad 0{,}296\ \%$$
$$H \quad . \quad . \quad . \quad . \quad . \quad 0{,}047\ \%$$
$$C_2H_2 \quad . \quad . \quad . \quad . \quad 0{,}01\ \%$$
$$CH_4 \quad . \quad . \quad . \quad . \quad 0{,}015\ \%$$

Die Zahl für CH_4 ist nach dem Gesagten natürlich unsicher und dient nur dazu, um zu illustriren, wie ausserordentlich untergeordnet neben CO alle anderen Bestandtheile sind. Die Zahl für Acetylen ist gestützt durch die im Abschnitt C zusammengestellten Ergebnisse der unmittelbaren Acetylenbestimmungen, aus welchen sich derselbe Werth berechnet.

Ein Controlversuch, bei welchem nur die Werthe für CO und H zur Bestimmung gelangten, ergab:

$$\text{Primärluft } \% \ 32{,}15:$$

$$CO_2 \quad \text{vor} \quad I \quad 1{,}6016$$
$$\text{»} \quad \text{hinter} \ I \quad 0{,}0981$$
$$H_2O \quad \text{»} \quad I \quad 0{,}0033$$

Kohlensäuregehalt der Rauchgase 6,0.

Reducirter Gasrest: 12,845 l.

Atomverhältniss $C : H$ hinter I. 1 : 0,1645.

Volumprocente berechnet auf das Rauchgas:

$$CO \quad 0{,}36\ \%$$
$$H \quad 0{,}03\ \%.$$

Die Ergebnisse beider Versuche decken sich gut mit den Schlüssen, welche aus den qualitativen Prüfungen sich ergeben. Die Kohlenoxydreaction mit Blut setzt, wenn sie kräftig sein soll, wie das hier der Fall war, über 0,25% CO voraus. Die Wasserstoffreaction nach Phillips, welche schwach, aber deutlich erhalten wurde, wird nach Angabe ihres Entdeckers unter 0,02% undeutlich.

E. Schlüsse aus dem Versuchsergebnissen.

Neben CO, H, C_2H_2 treten nur Spuren anderer brennbarer Gase auf. Die drei genannten Gase sind die typischen Producte einer Verbrennung mit weniger als der zur vollständigen Verbrennung erforderlichen Luftmenge.

---

[1]) Phillips gibt an: Eintritt der Verbrennung bei 3,1% C_2H_2 in Luft über Palladiumasbest:

$$339^\circ \text{ bis } 359^\circ,$$

3,1% CH_4 in Luft über Palladiumasbest:

$$404^\circ \text{ bis } 414^\circ.$$

Da die Secundärluft zur Flamme unbehindert gelangt, so ist genügend Luft vorhanden, um alle brennbaren Gastheilchen zu verzehren. Wenn dies nicht geschieht, so liegt die Erklärung dafür darin, dass einzelne brennbare Gastheilchen, wenn sie mit der zur vollständigen Verbrennung erforderlichen Luft in Berührung kommen, bereits zu kalt sind, um sich mit dem Sauerstoff zu oxydiren.

Diese Abkühlung unter die Oxydationstemperatur erleiden die Gastheilchen durch die Einwirkung der Kühlfläche. Je heisser und kleiner die Flamme ist, um so geringer ist der Einfluss der Kühlfläche. Die Zone, in der der Verbrennungsprocess erlischt, zwischen Flamme und Gefässboden, ist alsdann sehr schmal. Dazu kommt, dass die Bewegung der Gastheilchen gegen die Kühl-Fläche eine energische ist; sie werden deshalb an ihr abprallen und in wirbelnden Bewegungen in die Flamme zurückgeworfen werden, wo sie wieder hoch erhitzt werden. Das Ergebniss ist, dass sie am Flammenrande fast sämmtlich noch so heiss sind, dass ihre Vereinigung mit dem dort reichlich vorhandenen Luftsauerstoff erfolgt.

Wird mit abnehmendem Primärluftgehalt die Flamme grösser, so wächst die reactionslose Zone sowohl nach Dicke als nach horizontaler Erstreckung. Die Gastheilchen gelangen schwerer in die Flamme zurück, einmal weil die gekühlte Zone dicker ist, andererseits weil die Bewegung der Gastheilchen gegen den Flammenrand hin aus einem Auf- und Abwirbeln in ein horizontales Fortgleiten übergeht. Die Anzahl der Theilchen, welche zu kalt am Flammenrand anlangen, um noch mit dem Luftsauerstoff zusammenzutreten, wächst; daher entweichen merkliche Mengen brennbarer Bestandtheile mit dem Rauchgas.

Auch unter diesen ungünstigen Verhältnissen finden sich nur verschwindende Antheile gänzlich unveränderter Leuchtgasbestandtheile — Methan —. Soviel Sauerstoff als zur Ueberführung in CO und H nöthig ist, finden die Leuchtgasbestandtheile also in allen Fällen, noch bevor sie unter die Verbrennungstemperatur erkalten. Mit der Thatsache der stufenweisen Verbrennung, die von Smithells, Ingle, Dent, Lean und Bone an verschiedenen Fällen erläutert ist, steht diese Thatsache ganz in Einklang.[1]

Die brennbaren Antheile des Rauchgases enthalten aber sehr viel CO und wenig Wasserstoff, weil H noch bei viel niedrigerer Temperatur verbrennt als CO, wie aus den Versuchen von Mallard und Le Chatelier[2] sicher hervorgeht.

Für die Praxis ergeben sich aus den vorstehenden Untersuchungen folgende Sätze:

Flammen, welche gegen kalte Flächen schlagen, liefern hygienisch bedenkliche Mengen von Kohlenoxyd nur bei niederem Primärluftgehalt. Gaskochapparate mit niederem Primärluftgehalt sind desshalb zu verwerfen. Bei hohem Primärluftgehalt werden nur Spuren gebildet, die in jeder besonders auch in ökonomischer Hinsicht unerheblich sind.[3]

---

[1] Die Angaben von Lewes, welche Eingangs dieser Abhandlung angezogen sind, dürften damit widerlegt sein.

[2] Mallard & Le Chatelier, Bull. soc. chim. 39, S. 2 u ff.; J.f. Gasbel. 1885, S. 485; vergleiche auch Berthelot und Vieille, Compt. rend. 98, S. 648.

[3] Es lag bei dieser Gelegenheit nahe, Versuche über den Nutzeffect von Gaskochapparaten anzustellen. Die gewöhnlich gemachte Angabe der Leuchtgasmenge in Litern, welche nöthig ist um 1 l Wasser zum Kochen zu bringen, ist ganz werthlos, wenn nicht die Dimensionen des benutzten Kochgefässes und der stündliche Consum des Brenners

IV. Versuche über die Verbrennung in Gasmotoren.

A. Die untersuchten Gasmotoren und die Gasentnahme.

Für die Versuche standen zwei Otto'sche Gasmotoren der Deutzer Fabrik zur Verfügung. Der eine, Eigenthum der hiesigen Maschinenbauschule, war ein 4 pferdiger Motor älterer Construction mit Flammenzündung. Die Steuerung des Gaseinlasses geschah durch einen graden Nocken, sodass das Gaseinlass-Ventil entweder voll oder gar nicht geöffnet wurde. Der andere, zur elektrischen Anlage des chemisch-technischen Instituts gehörig, war ein Ventilsteuerungsmotor neuer Construction, Type EV, zweipferdig, mit Glührohrzündung, der den Gaseinlass mittelst eines stark geneigten Nockens steuerte, also für mässige Schwankungen der Belastung nicht durch Aussetzen, sondern durch Veränderung des Füllungsverhältnisses regulirte.

---

angegeben sind. Bei gleicher Grösse des Kochgefässes und sonst gleichen Verhältnissen wächst der Nutzeffect mit fallendem Stundenconsum, weil die kühlende Fläche in der kleineren Rauchgasmasse ein stärkeres Temperaturgefälle bewirkt, als in der grösseren, obwohl sie aus der letzteren mehr Wärme aufnimmt. Mit Vergrösserung der Bodenfläche des Gefässes wächst, wie ohne Weiteres ersichtlich, der Nutzeffect. Es kommt ferner sehr viel darauf an, mit welcher Temperatur das Wasser eingebracht wird, und welche Form das Gefäss hat, in dem es erhitzt wird, insbesondere ob es offen oder geschlossen ist. Ich habe in der Weise operirt, dass ich einen emaillirten blauen Eisentopf von 22 cm Bodendurchmesser, 26 cm oberem Durchmesser, 13 cm Höhe, 1020 g Gewicht unbedeckt nach Einbringung von 4 kg Wasser erhitzte, während das Wasser heftig gerührt, und von Minute zu Minute seine Temperatur abgelesen wurde. Ein Gasdruckregulator sicherte die Constanz des Gas-Consums, der von Zeit zu Zeit am Experimentirgasmesser controlirt wurde. Mittelst des Junkers'schen Calorimeters wurde der Leuchtgasheizwerth an den Versuchstagen stets zu wiederholten Malen ermittelt.

Dabei ergab sich nun, dass der Nutzeffect verschieden war, je nach der Grösse der Fläche, in der die Flamme den Gefässboden bespülte. Ein Bunsenbrenner wurde zuerst in der Weise aufgestellt, dass nur die Flammenspitze die Kühlfläche berührte, darauf bei ungeänderter Primärluft und constantem Gasconsum in neuen Versuchen dem Gefässboden mehr und mehr genähert, so dass die von der Flamme bespülte Fläche wuchs. Dabei nahm der Nutzeffect um die Hälfte zu. Dieser Zusammenhang von Nutzeffect und Flammenform versteht sich eigentlich von selbst, denn die heissen Rauchgase werden mit jedem Centimeter, den sie sich von dem Punkte der stattgehabten Verbrennung entfernen, durch Vermischung mit eindringender Luft an Menge zu und an Temperatur entsprechend abnehmen und damit zur Wärmeabgabe gegenüber einer Fläche von gegebener Grösse und Temperatur minder befähigt werden. Neben dieser Abhängigkeit des Nutzeffects von der durch die Flamme bespülten Fläche ist es die Flammentemperatur, welche von Belang ist, und demzufolge der Primärluftgehalt, welcher die Flammentemperatur bestimmt.

Aus dem Gesagten erhellt, dass man eine Vergleichung verschiedener Brenner nicht ohne Weiteres durchführen kann. Entweder nämlich gibt man jedem Apparat denjenigen Consum, bei welchem seine Flammenform die vortheilhafteste ist, dann wird der Consum verschieden und damit bei gegebener Gefässgrösse der Nutzeffect von vorherein ungleich sein, oder es wird jedem Apparat gleicher Consum ertheilt, dann brennt nicht jeder mit dem Optimum seiner Leistungsfähigkeit. Aendert man schliesslich die Gefässgrösse, um das Verhältniss der Kühlfläche zum Gasconsum constant zu halten, so werden die Resultate praktisch werthlos, weil die Praxis von dem Brenner verlangt, dass er sich gegebenen Erhitzungsgefässen anschmiegt. Ich habe deshalb stets dasselbe Gefäss benutzt und den Gasconsum so gewählt, wie er dem Brenner möglichst günstig war. Die Ergebnisse sind unter sich demgemäss nur soweit direct vergleichbar, als die Brenner annähernd den gleichen Consum haben. In diesem Sinne sind die folgenden Zahlen aufzunehmen. In ihnen ist der »wahre

Der Schiebersteuerungsmotor war wiederholt Gegenstand von Untersuchungen in mechanisch-technischer Absicht gewesen. Dem Protocoll einer solchen sind mit freundlicher Erlaubniss des Herrn Professors B r a u e r, nachstehende Daten entnommen:

Kolbendurchmesser	0,171 m
Kolbenhub	0,340 m
Kolbenwegraum	7,808 l
Compressionsraum	4,85 l

Die Bilanz des Motors bei Bremsung auf 4 Pferde ist in folgender graphischen Darstellung wiedergegeben.

Zugeführte Wärme = 4735,5 Cal.		
Ind. Leistung 777 Cal. Brems-belastung 636 Cal.	Im Kühlwasser = 2400 Cal.	Mit den Abgasen entwichen

Die Längen geben die relativen Energiegrössen in calorischem Maass.

Der Gasverbrauch pro Stunde und die indicirte Arbeit besassen für die Bremsbelastung von

1,187 PS	die Werte	2,61 PS	2100 l
2,15		3,41	2504
3,065		3,97	3129
3,96		4,84	3740
O		1,42	1320

N u t z e f f e c t ‹ angegeben. Der Nutzeffect ist nämlich von dem Dargelegten abgesehen, noch fernerhin verschieden, je nachdem Wasser von 10° auf 20° oder von 60° auf 70° erhitzt wird, und im letzteren Falle — wesentlich um die gleichzeitige Wärmeabgabe des Gefässes nach Aussen hin — geringer.

Unter ›wahrem Nutzeffect‹ ist nun derjenige Bruchtheil des Heizwerthes des verbrannten Leuchtgases (bezogen auf dampfförmiges Verbrennungs-Wasser) verstanden, welcher bei meiner Versuchseinrichtung aufgenommen wird, wenn das Wasser Wärme nach Aussen nicht abgibt (und von Aussen nicht aufnimmt), wenn also die Erwärmung von einer Anzahl Grade unter Zimmertemperatur bis zu einer gleichen Anzahl Grade über Zimmertemperatur erfolgt. In meinem Fall wurde bei einer Zimmertemperatur von 20° C. die Temperatur-differenz von 10° C. auf 30° C. gewählt.

Es ergab sich aus zahlreichen Versuchen, dass ein grosser Bunsenbrenner (System T e c l u) bei maximaler Primärluft und 265 l Stundenconsum, wenn er den Gefässboden mit der Spitze berührte, 51%, wenn er ihn mit der grösstmöglichen Bespülungsfläche traf, 74% Nutzeffect lieferte. Der Apparat von J u n k e r & R u h besass bei dem gleichen Consum denselben Nutzeffect von 74%. Der Apparat von F r i e d r i c h S i e m e n s ergab etwa 1% mehr bei gleichem Consum, bei 365 l 70%, bei 166 l (nur der oberste Schlitz brennend) 84%. Diese Apparate dürften etwa dem entsprechen, was in Absicht der Wärmeausnutzung erreichbar ist. Weniger leisten Apparate mit kleinen Spitzflämmchen, wie der Apparat von Kaiserslautern, der bei 295 l Consum nur 63% gab, und die mit kälteren Flammen arbeitenden französischen Heerde trotz ihrer grösseren Bespülungsfläche. So ergab L e c l e r q F o n t e n a u & Cie 68 ½% bei 275 l, B o u c h e r & Cie. bei 370 l 57 bis 58%. Der Typus der W o b b e - B r e n n e r steht a l s o s o w o h l h y g i e n i s c h, wie ö k o n o m i s c h a n d e r S p i t z e.

Der Cylinder des Ventilsteuerungsmotors ist in der beifolgenden Skizze (Fig. 15) wiedergegeben, in der die Hauptmaasse eingetragen sind. Die Bremsleistung der Maschine wurde für zwei verschiedene Stellungen des Gaseinlasshahnes bestimmt.

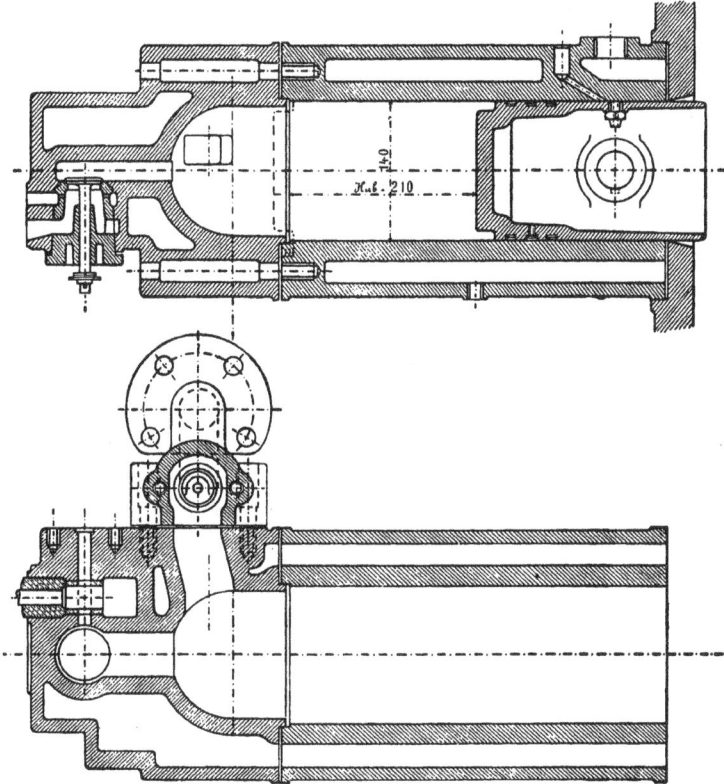

Fig 15.

Hahnstellung = 10
Bremsbelastung =   11 380 g (Maximal-Belastung)
Tourenzahl   238
Schwungraddurchmesser 137 cm
Leistung pro Sec.   196 mkg = 2,6 PS
Hahnstellung = 5
Bremsbelastung = 6450 g
Tourenzahl 238 g   Schwungraddurchmesser 137 cm
Leistung pro Sec. = 111 mkg = 1,5 PS.

Bei den Versuchen wurde der Schiebersteuerungsmotor mit der festgebundenen Bremse belastet und diese Belastung so regulirt, dass bei stets vollgeöffnetem Gaseinlasshahn das gesteuerte Gaseinlassventil in der einen Reihe von Fällen bei jeder zweiten Tour, in der anderen bei der 1., 3., 9., 11., 17., 19., 25., 27. u. s. w. Tour geöffnet wurde. Der erste Fall stellt bekanntlich die normale Gangweise des vollbelasteten Motors — den Viertakt — dar, bei welchem jeder vierte Hub ein Explosionshub ist.

Der andere, bei welchem Füllung und Leerlauf nach folgendem Schema wechselten

$$1\;1\;0\,0\;1\,1\;0\,0\;1\,1\;0\,0\;1\,1\ldots\ldots,$$

soll als »Sechzehntact« bezeichnet werden, da jeweils erst nach 16 Huben von irgend einem beliebigen Augenblick an gerechnet der Zustand des Motors wieder der gleiche war. Der »Sechzehntact« konnte naturgemäss nicht mit aller Strenge festgehalten werden und wurde gelegentlich durch folgende Gangweisen $1\;0\;1\;0$ und $1\;1\;1\;0\;0\;0$ für kurze Augenblicke unterbrochen

Der Ventilsteuerungsmotor wurde gleichfalls bei voller und bei verminderter Belastung untersucht. In diesem Falle aber wurde bei kleiner Belastung das Aussetzen vermieden, indem der Gaseinlasshahn nur theilweise geöffnet wurde — Hahnstellung 5 —. Der Motor füllte also bei jedem vierten Hub in beiden Beachtungsreihen, in der einen aber mit gasreicher in der anderen mit gasarmer Gasluftmischung.

Die Belastung geschah hier mittelst eines Nebenschlussdynamos, auf welchen der Motor mit Riemenantrieb wirkte, und einer Accumulatorenbatterie. Die elektrische Leistung betrug bei maximaler Beanspruchung des Gasmotors 1200 Watt, (14 A. 86 V.) solange die Dynamomaschine, welche für diese Stromstärke zu klein war, kalt blieb. Bei längerem Gange fiel sie auf 1000 Watt (12 A. 84 V.). Bei den späteren Versuchen ist die Hahnstellung und die elektrische Leistung jedesmal angegeben. Der Schiebermotor wurde während der Versuchszeit höchst selten, der Ventilmotor nur gelegentlich und dann nur von mir selbst zu anderen Zwecken benutzt.

Die Cylinderschmierung geschah beim Schiebermotor mit einem fetten Schmieröl, welches folgende Constanten besass:

Viscosität mit Engler's Viscosimeter 20 Min. 44 Sec. bei 20^0.
Flüchtigkeit.

Es gingen über bis 340^0 370^0 über 370^0
2% 60% 40%

Der Ventilmotor wurde mit einem Gemisch von reinem hellen Bakuöl und Nobel-Petroleum, Viscosität 236—239 Sec. bei 20^0 C. geschmiert.

Um eine Mitverbrennung des Schmieröls möglichst zu vermeiden, unterblieb beim Ventilmotor während der Versuchsdauer jede Schmierung des zuvor gut eingeschliffenen Gaseinlassventiles.

Die Gasentnahme erfolgte aus einem in die Auspuffleitung $1/2$ bis 1 m vom Auspuffventil eingesetzten Hahn, welcher durch einen kurzen Kautschukschlauch mit einem Ballon von 35 l Inhalt verbunden wurde. Die Ablaufgeschwindigkeit des Wassers aus dem Ballon wurde gemessen. Der Ballon wurde bei den kohlensäurereichen Abgasen der vollbelasteten Motoren zu zwei Drittel gefüllt und nach Feststellung der Temperatur des Druckes und Wägung mit kohlensäurefreier Luft zum letzten Drittel gefüllt und geschüttelt.

Bei den kohlensäureärmeren Abgasen der halbbelasteten Motoren war diese Verdünnung nicht erforderlich, der Ballon wurde vollständig mit Verbrennungsgas gefüllt.

Aus dem Sammelballon wurden die Gase mittelst einer fallenden Wassersäule durch die Absorptionsapparate gedrückt.

Nach Beendigung des Versuches wurde das Volumen des Gasrestes wieder ermittelt.

Gegenüber der Gasentnahme bei den Versuchen, die im dritten Theil dieser Arbeit geschildert worden sind, bedingt dies Verfahren einen Unterschied. Der Kohlensäuregehalt der Gase im Sammelballon nimmt nämlich langsam ab. Von dem Gehalt an brennbaren Gasen ist das nicht in gleicher Weise anzunehmen, da die Löslichkeit von CO, H, CH$_4$ in Wasser hinter der der Kohlensäure sehr erheblich zurücksteht und überdies ihr Partialdruck ausserordentlich viel kleiner war. Für das Acetylen wäre die Löslichkeit in Wasser eine erhebliche Verlustquelle. Da aber durch andere Versuche nachgewiesen werden konnte, dass Acetylen nur in verschwindenden Spuren vorkommt, so kann von diesem Gasbestandtheil hier ganz abgesehen werden. Infolge ihrer geringeren Löslichkeit in Wasser erscheint sonach die Menge der brennbaren Gase ein wenig zu gross gegenüber der Menge der gewichts-mässig ermittelten Kohlensäure. Da sie auf der anderen Seite nicht gänzlich unlöslich sind, so ist ihre gravimetrisch gefundene Menge ein wenig zu klein gegenüber dem volumetrisch gemessenen Kohlensäuregehalt des Gases zu Beginn des Versuches.

Für die rechnerische Benützung ist stets der gravimetrische Kohlensäurewerth zu Grunde gelegt, doch ist der volumetrische für das Anfangsgas mit angeführt. Mit grosser Annäherung lässt sich aussagen, dass der gravimetrisch ermittelte Kohlensäure-gehalt stets $^4/_5$ von dem volumetrischen des Anfangsgases betrug.

Die volumetrische Ermittelung der Zusammensetzung der Auspuffgase fällt, wie hier eingeschaltet sein möge, nicht leicht genau aus, da die Gase, auch wenn Leerläufe nicht vorkommen, kein homogenes Gemisch bilden.

Auf diesen Umstand ist wohl der Mangel an Sauerstoff im Rauchgase bei den von Slaby verwertheten Analysen v. Orths zurückzuführen.

B. Ergebnisse der Gewichts-Analyse mit Gesammtverbrennung.
(Tabelle III S. 106.)

Aus den Versuchen folgt mit aller Deutlichkeit, dass bei beiden Maschinen bei voller Belastung nur Spuren brennbarer Gase entwichen. Bei halber Belastung traten hingegen merkliche Mengen solcher Gase auf. Eine Erklärung durch unvoll-ständige Schmierölverbrennung ist unmöglich. Wenn man annimmt, dass die brenn-baren Gase aus dem Schmieröl stammen, so könnte ihre Menge bezogen auf gleiche Rauchgasvolumina bei halber Belastung höchstens ebensogross sein, wie bei Voll-belastung.

Es berechnen sich aber aus den in der Tabelle gegebenen Zahlen für 10 l Aus-puffgas:

·CO$_2$ und H$_2$O aus brennbaren Bestandtheilen

Voll-belastung	a) 0,0071 g CO$_2$	Mittel	0,0061 g H$_2$O		0,0086
	b) 0,0094 » »	0,0082	0,0111 » »		
Halb-belastung	c) 0,0336 » »	0,0284	0,0208 » »		0,0245
	d) 0,0232 » »		0,0281 » »		

Die Zahlen bleiben also für den Fall der Halbbelastung sehr wesentlich grösser. Dabei darf nicht vergessen werden, dass entsprechend der bei allen Versuchen sehr nahezu gleichen 15 stündigen Erhitzungsdauer der Drehschmidtcapillare diese Zahlen aus früher erörterten Gründen um einen gleichmässigen Versuchsfehler von 4 bis 5 mg vergrössert sind. Würde man diesen Betrag abziehen, so träte die Verschiedenheit noch viel schärfer hervor.

Die Annahme, dass bei Voll- und Halbbelastung die gleiche Menge von brennbaren Gasen aus dem Schmieröl entsteht, ist aber überdies unwahrscheinlich. Es

Tabelle III

Versuche mit dem Ventilsteuerungsmotor.

	Hahn-stellung	Belastung	Kühlwasser	Füllgeschwindig-keit	Kohlensäure vor dem Ver-brennungsapparat CO₂ g	hinter dem Ver-brennungsapparat CO₂ g	H₂O g	Atomverhält-niss C:H	Unvollständig-keitsgrad
	I	II	III	IV	V	VI	VII	IX	X
a)	10	1200 Watt maximal	65°—66°	580 ccm pro Min.	2,9585	0,0124	0,0106	—	0,42
b)	10	do.	60°—66°	740 bis 690	2,3226	0,0129	0,0152	—	0,55
c)	5	590 Watt	48°—58°	660 bis 610	1,7150	0,0723	0,0448	1 : 3,03	4,39
d)	5	545 „	63°—64°	545 bis 530	1,9095	0,0648	0,0775	1 : 3,28	3,28
e)	10	1150 „	23°	400	2,0191	0,0107	0,0095	1 : 5,85	0,53

Versuche mit dem Schiebersteuerungsmotor.

	Takt		Kühlwasser	Füllgeschwindig-keit	V g	VI g	VII g	C:H	X
	I		III	IV				IX	
f)	Viertakt		80°	900—960 ccm	2,1326	0,0046	0,0089	—	0,22
g)	Viertakt				1,4079	0,0048	0,0066	—	0,34
h)	Sechzehntakt				0,5559	0,0089	0,0324	1 : 18	1,58
i)	Sechzehntakt				1,6863	0,0226	0,0757	1 : 16,4	1,32

Die Kühlwasser-temperatur wurde durch ein in den Ablauf gehaltenes Thermometer gemessen.

Anmerkungen: zu a) der Kohlensäuregehalt einer vor dem Versuch aus dem Auspuff entnommenen Momentanprobe der Abgase betrug 8,4%. Das durchgedrückte Rauchgasvolumen betrug 17,431 (bez. auf 0 und 760 mm). Aus diesem Volumen und dem Kohlensäuregewicht V berechnen sich = 8,63% CO₂.

zu b) 21,795 l Rauchgas (0° und 760 mm) verdünnt und mit 10,495 l Luft (0° und 760 mm) verdünnt und davon 20,233 l = 13,648 l Rauchgas durch die Apparatur geführt. Aus diesem Volumen und der unter V gegebenen Kohlensäuremenge berechnen sich = 8,66% Kohlensäure. Dauer des Versuches 15 Stunden. Der Gasrest enthielt 4,2% CO₂, d. h. 6,02% bez. auf unverdünntes Gas.

zu c) 24,207 l Rauchgas (0° und 760 mm) wurden mit 7,947 l Luft bei 0° und 760 mm verdünnt. Dies Gemisch enthielt CO₂ 3,8%, Sauerstoff 12,36%, das ursprüngliche Rauchgas also CO₂ = 5,05%. In 14³/₄ Stunden wurden 28,587 l des verdünnten = 21,522 l des ursprünglichen Rauchgases verbrannt. Aus diesem Volumen und dem Kohlensäuregewicht unter V berechnen sich = 4,05% CO₂.

zu d) Eine vor und eine nach dem Füllen des Ballons mit der Bürette aus dem Auspuff entnommene Momentanprobe ergaben: CO₂ 4,5%, O 11,9%, bzw. CO₂ 4,1%, O 13,2%. Durch die Apparatur wurden 27,509 l (0° 760 mm) der ursprünglichen Rauchgase geführt. Aus diesem Volumen und dem unter V gegebenen Gewicht berechnet sich ein Gehalt an CO₂ = 3,52% bzw.

zu e) Bei diesem Versuch wurden wie bei d) Momentanproben gezogen, welche ergaben CO₂ 10,0%, O 4,5%, bzw. CO₂ 10,7%, O 2,6%.

zu f) Eine Momentanprobe aus dem Auspuff ergab 10,1% CO₂, 3,5% O. 24,472 l Rauchgas (0° 760 mm) wurden mit 7,612 l Luft (0° u. 760 mm) verdünnt.

zu g) Vier Momentanproben aus dem Auspuff ergaben CO₂ = 4,1%, 3,2%, 4,2%, 3,8%. Das Restgas im Ballon enthielt CO₂ 2,9%, O 13,4%.

zu h) Eine Momentanprobe aus dem Auspuff ergab 3,7% CO₂, eine volumetrische Analyse des Gases im Ballon vor dem Versuch 3,9% CO₂. Das durchgeleitete Rauchgasvolumen betrug 23,262 l. Daraus berechnet sich in Berücksichtigung des unter V gegebenen Werthes für Kohlensäure % CO₂ = 3,69.

ist vielmehr zu erwarten, dass, sofern überhaupt brennbare Rauchgase aus dem Schmieröl entstehen, ihre Menge mit der Belastung wächst. Denn nimmt man Entstehung der brennbaren Gase durch pyrogene Zersetzung des Schmieröls an, so muss sie im vollbelasteten Motor stärker sein, weil bei starken Füllungen die Temperatur höher steigt; nimmt man unvollständige Verbrennung des Schmieröls an, so müssen die brennbaren Gase wiederum bei Vollbelastung leichter entstehen, da bei schwacher Füllung der grössere Sauerstoffreichthum der Füllung die vollständige Verbrennung begünstigt. Schliesslich ist das Volumen der permanenten Gase im Auspuff bei Vollbelastung bezogen auf gleiche Temperatur kleiner als bei Halbbelastung, weil Leuchtgas und Luft bei der Verbrennung bekanntlich eine starke Verminderung des Volumens der permanenten Gase erleiden. (100 Leuchtgas + 550 Luft geben

$$57 \ CO_2 + 435 \ N \ \text{Contraction} \ \frac{492}{650} = 25^0/_0 \cdot)$$

Entstände also bei jeder Explosion die gleiche Menge brennbarer Gase aus Schmieröl, so würden diese brennbaren Gase im Auspuffgas des vollbelasteten Motors volumprocentisch stärker hervortreten. Die brennbaren Gase sind sonach sicher als Ergebnisse einer unvollständigen Leuchtgasverbrennung zu betrachten.

Das Atomverhältniss C : H beim Ventilmotor weist auf Methan und Wasserstoff als brennbare Bestandtheile hin. Beim Schiebermotor weicht dieses Atomverhältniss stark ab und Wasserstoff scheint ausserordentlich vorzuwiegen. Es lag aber, wie sich alsbald ergab, hier eine Unregelmässigkeit in der Zündung, jedenfalls hervorgerufen durch versehentliche Veränderung der Stellung des Hahns für die Zwischenflamme[1] vor. Neue Versuche, bei welchen die rechtzeitige Zündung mit dem Indicator controlirt wurde, zeigten die Verhältnisse beim Ventilmotor vollständig gleichartig mit denen beim Schiebermotor (vgl. Tabelle V S. 112).

[1] Solche fehlerhafte Stellung des Hahns für die Zwischenflamme kommt in praxi oft vor und veranlasst Diagramme wie die

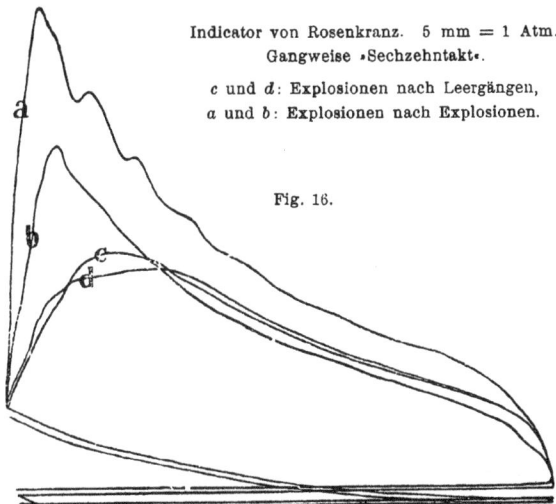

Indicator von Rosenkranz. 5 mm = 1 Atm.
Gangweise »Sechzehntakt«.

c und d: Explosionen nach Leergängen,
a und b: Explosionen nach Explosionen.

Fig. 16.

vorstehenden (Fig. 16). Mit dem Gehör ist sie leicht an der abnormen Heftigkeit des Knalls zu erkennen, den man vernimmt, wenn der Dreiweghahn des Indicators mit der Atmosphäre communicirt.

Um eine fortlaufende Controle dafür zu haben, dass jeder Füllung eine Zündung folgte und niemals ein unentzündetes Gemisch in den Auspuff ausgeblasen wurde, wurde eine elektrische Registrirung der Füllungen und Zündungen angeordnet. Dazu wurde ein Morse'scher Schreibtelegraph und zwei Contacte in den Stromkreis einer Batterie eingeschaltet. Den einen Contact schloss der Hebel des Gaseinlassventils, so oft er durch den Nocken gehoben und damit das Einlassventil geöffnet wurde, den anderen schloss die Leitschiene eines Indicators, die den Schreibstift trägt; wenn sie durch die Explosion hochgeschleudert wurde. Dieser letzte Contact lag so, dass die Hebung der Leitschiene beim Compressionshub nicht ausreichte, ihn zu schliessen.

In den folgenden Abbildungen (Fig. 17) sind die Zeichen wiedergegeben, welche
I. der Schiebermotor im Sechzehntakt mit beiden Contacten,
II. der Schiebermotor im Sechzehntakt bei Ausschaltung des Explosionscontactes,
III. der Ventilmotor bei beiden untersuchten Stellungen,
IV. der Ventilmotor bei halber Belastung und voller Oeffnung des Hahnes ergab.

Die Registrirvorrichtung war bei allen folgenden Gasentnahmen im Gebrauch und ermöglichte zu erkennen, dass in einer Reihe von tausenden von Touren niemals Füllung ohne nachfolgende Explosion statt hatte.

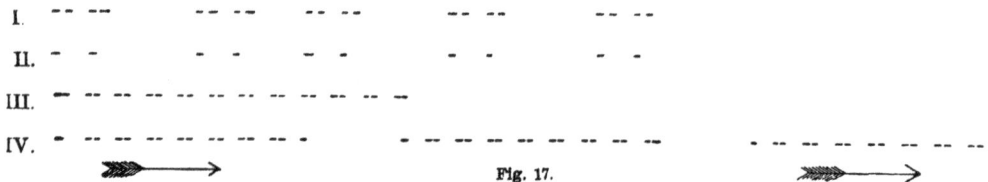

I. -- --   -- --   -- --   -- --   -- --
II. - -   - -   - -   - -   - -
III. - -- --   -- -- -- -- -- -- --
IV. - -- -- -- -- -- -- -- -   - -- -- -- -- -- -- -- --   - -- -- -- -- -- --

→   Fig. 17.   →

Die Abbildung IV zeigt beim Ventilmotor ausbleibende Explosionen am Anfang und am Ende einer Serie von Füllungen. Der Füllhebel wurde bei diesen Füllungen entsprechend der starken Abschrägung des Nockens nur ganz wenig gehoben. Die Auspuffgase des Motors wurden deshalb bei dieser Gangweise nicht untersucht. Es ist in Rücksicht auf die später durch das Diagramm des Schieber-Motors erläuterten Verhältnisse von Wichtigkeit, festzustellen, dass das Ausbleiben der Explosion bei der ersten Füllung einer Serie fast stets, das der letzten nur in etwa $1/3$ der Fälle erfolgte, obwohl das gleiche Füllungsverhältniss bei beiden Fällen nach der Wahrscheinlichkeits-Rechnung gleich oft statt hat.

C. Qualitative Untersuchung der brennbaren Bestandtheile.

Wasserstoff. Die Untersuchung geschah nach der früher beschriebenen Methode von Phillips und wurde unter denselben Cautelen ausgeführt, die bei den gekühlten Flammen beschrieben sind. Die Rauchgase wurden dazu aus dem Ventilmotor bei einer Leistung von 420 Watt und einer Kühlwassertemperatur von 40^0 entnommen. Die Reaction war sehr scharf und wesentlich stärker als bei den Rauchgasen des Bunsenbrenners.

Kohlenoxyd. Der Nachweis des Kohlenoxyds wurde mit Benutzung von Mäusen nach Hempel's bekanntem Vorschlage ausgeführt. Die Maus befand sich in einer tubulirten Flasche, in welche durch den unteren Tubus das durch Kalilauge und Natronkalk von Kohlensäure befreite Rauchgas eintrat, während es oben am Flaschenhals in eine Gasuhr weiter geleitet wurde. Zwischen Flasche und Gasuhr konnten

Momentanproben abgenommen werden. Das Rauchgas wurde zu dem Versuch nicht vorher angesammelt, sondern blies durch die beschriebenen Apparate aus dem Auspuff des Motors direct in langsamem Strome hindurch. Es wurden zwei Versuche ausgeführt. Beim ersten leistete der Motor 500 Watt. Das Gasquantum, welches durch die Flasche ging, betrug stündlich 22 l, der·Versuch dauerte 90 Minuten. Das aus der Flasche austretende Gas enthielt

$$\% \ CO_2 \qquad 0,3 \qquad 0,4$$
$$\% \ O \qquad 12,3 \qquad 12,1$$

Die Maus litt an Athemnoth zu der im Laufe des Versuches Vergiftungssymptome sich gesellten. Das Thier bewegte sich nach einer Stunde nur schwerfällig und verfiel bei Erschütterungen der Flasche in Krämpfe.

Das Blut des unter Wasser erstickten Thieres wurde spectralanalytisch mit dem einer frisch getödteten Maus verglichen.

Bei der Behandlung mit farblosem Schwefelammon verrieth die röthere Färbung des Blutes schon ohne spectralanalytische Prüfung die Anwesenheit von CO; vor dem Spectralapparat waren die Kohlenoxydstreifen sehr scharf erkennbar. Beide mit Schwefelammon versetzten Blutproben wurden nach 24 Stunden abermals geprüft. Der charakteristische Unterschied des Kohlenoxydblutes gegen unvergiftetes Blut war vollständig erhalten. Der Versuch wurde wiederholt bei einer Belastung des Motors mit 410 Watt, die Versuchsdauer betrug 105 Minuten, die Gasgeschwindigkeit 54 l pro Stunde. Ausser Athemnoth traten in diesem Falle keine auffälligen äusseren Symptome an dem sehr kräftigen Versuchsthier hervor. Die Ergebnisse der Blutprüfung waren genau dieselben wie beim ersten Versuch.

Acetylen. Mit dem Gasentnahmehahn der Auspuffleitung des Ventilmotors wurden zwei mit Natronkalk gefüllte Röhren verbunden, an welche eine Reihe von drei mit ammoniakalischer Silberlösung gefüllten Volhard'schen Waschflaschen sich anschloss. Das Gasvolumen wurde mit der Gasuhr gemessen.

Belastung	Kühlwasser	Rauch-gasvolum	Gefunden Cl Ag	ccm C_2 H_2
375 Watt	18^0	152,5 l	0,0053	0,41
750 bis 820 »	$31,5^0$	151 »	0,0046	0,36

Die Menge des Acetylens erreicht also nur rund $0,0003\%$, ist also für alle weiteren quantitativen Versuche als verschwindend anzusehen.

Olefine. Auf Bestandtheile, welche die Absorption des Sauerstoffs durch Phosphor hindern, wurde in derselben Weise geprüft, welche an der entsprechenden Stelle in Abschnitt III beschrieben ist. Die Absorption fand bei allen Gasen statt, die bei Belastungen zwischen 0 und 1000 Watt entnommen wurden. (Temperatur des Phosphors 24^0 C.) Auch diese Prüfung wurde wie die vorhergehenden mit den Abgasen des Ventilmotors angestellt, die ohne vorgängige Aufsammlung direkt aus dem Gasentnahmestutzen abgezogen wurden.

Beim Schiebermotor wurden besondere qualitative Untersuchungen nicht ausgeführt. Der Nachweis von CO und H wurde für diese Maschine unter Benutzung der ermittelten Thatsachen über die gegenseitige Beeinflussung von H und CO beim Uebertreten über erhitztes Palladium gelegentlich der fractionirten Verbrennung erbracht.

D. Fractionirte Verbrennung.

Die Aufgabe lag hier wesentlich günstiger als bei den Abgasen gekühlter Flammen, da CO zurücktrat und die Abwesenheit merkbarer Mengen an Acetylen eine Complication wegfallen liess. Die Ergebnisse zweier am Ventilmotor ausgeführter Versuche, bei welchen als erste Verbrennungsvorrichtung die Palladiumdrahtschlange im Schwefeldampf, als zweite das früher beschriebene längere Glasrohr mit Platinasbest diente, waren demgemäss recht befriedigend.

Die Zahlen der XIII. Columne zeigen hier eine so ausserordentliche Annäherung an das Atomverhältniss des Methans, und die Gewichte an Wasser und Kohlensäure, aus denen dieses Atomverhältniss berechnet ist, sind gegenüber der Fehlergrenze der Versuche so hoch, dass die Auffassung dieses Gasbestandtheils als Methan unzweifelhaft zutreffend ist. Die Berechnung der hinter der Palladiumschlange bestimmten Wasser- und Kohlensäuregewichte als CO und H gründet sich auf den Umstand, dass die Intensität der qualitativen Reactionen mit den volumprocentischen Mengen, welche sich aus diesen Zahlen berechnen, übereinstimmt, und dass Olefine, welche die einzigen möglichen Nebenbestandtheile sind, weder qualitativ nachweisbar waren, noch irgend wahrscheinlich sind. Spuren von Olefinen von der Grössenordnung des Acetylens im Auspuffgase können mangels einer specifischen Reaction von solcher Feinheit, wie die Acetylensilberbildung, nicht ausgeschlossen werden, sind aber gänzlich belanglos.

Die brennbaren Bestandtheile des Abgases dieses Ventilmotors setzen sich sonach aus CH_4, CO, H zu nahezu gleichen Theilen zusammen. Ihre Menge ist aus Spalte XVII bis XIX der Zusammenstellung zu entnehmen.

Für die Berechnung des Heizwerthverlustes, welchen sie veranlassen, sind nach früheren Darlegungen die Kohlensäuregehalte in Spalte XV und XVI als oberer und unterer Grenzwerth in Rücksicht zu ziehen.

Der Heizwerth des Karlsruher Leuchtgases wurde in der Versuchszeit wiederholt zu anderen Zwecken mittels des Junkers'schen Calorimeters bestimmt und stets zwischen 5100 und 5300 Calorien, im Mittel zu 5200 Cal. pro cm gefunden. Das Kohlensäurebildungsvermögen des Leuchtgases ergaben zwei Explosionsversuche im Mittel zu 55,7 l pro 100 l Leuchtgas.

Tabelle IV

Columne	Bezeichnung	1.	2.
I	Leistung in Watt	478	437
II	Kühlwassertemperatur	26	75—80
III	Füllgeschw. in ccm pro Min.	810—600	675
IV	CO_2 vor dem Verbrennungsapparat I in g	1,8245	1,8799
V	CO_2 in g — hinter dem ersten Verbrennungsapparat	0,0659	0,0868
VI	H_2O in g — hinter dem ersten Verbrennungsapparat	0,0217	0,0307
VII	CO_2 in g — hinter dem zweiten Verbrennungsapparat	0,0536	0,0852
VIII	H_2O in g — hinter dem zweiten Verbrennungsapparat	0,0447	0,0668
IX	Unvollständigkeitsgrad	6,148	8,38
X	CO_2 Summe von V und VII	0,1195	0,1720
XI	H_2O Summe von VI und VIII	0,0664	0,0975
XII	Atomverhältniss X : XI	1 : 2,6	1 : 2,6
XIII	Atomverhältniss VII : VIII	1 : 4,05	1 : 3,83
XIV	Reducirtes Volumen des Endgases in l	25,016	26,407
XV	Kohlensäure aus XIV und IV berechnet in Volumprocenten	3,71	3,62
XVI	Kohlensäure im Anfangsgas mit der Bürette	4,75	4,25
XVII	CH_4 % — Aus V, VI, VII, VIII und XIV berechnet, sich im Auspuffgas	0,105	0,155
XVIII	CO % — Aus V, VI, VII, VIII und XIV berechnet, sich im Auspuffgas	0,128	0,161
XIX	H % — Aus V, VI, VII, VIII und XIV berechnet, sich im Auspuffgas	0,104	0,139

Für 557 l CO_2 sind also jeweils 5200 Calorien erzeugt worden. Nun berechnet sich aus

1. 3,71 bzw. 4,75 l CO_2 in 100 l Rauchgas

0,105 l CH_4	Heizwerth pro cm	8572 Cal.	0,900 Cal.
0,128 l CO	»	»	»	3007	»	0,384	»
0,104 l H	»	»	»	2580	»	0,268	»

$$1,552 \text{ Cal.}$$

$$3,71 \text{ l } CO_2 = 34,64 \text{ Cal.}$$
$$4,75 \text{ l } \quad » \quad = 44,34 \quad »$$

folglich Verlust $\dfrac{1,55}{34,64 + 1,55}$ bzw. $\dfrac{1,55}{44,34 + 1,55} = 3,4$ bis 4,5 %.

Dieselbe Rechnung ergibt für 2. 5,26 % bis 6,0 %[1]).

Die volumetrische Bestimmung des Kohlensäuregehaltes der Auspuffgase wurde bei diesen Versuchen wiederholt vorgenommen. Aus 5 Versuchen leitete sich für das Gas von 1. ab

$$CO_2 \ldots \ldots \quad 4,25 \,[2])$$
$$O \ldots \ldots \ldots \quad 12,28$$
$$\text{Summa} \quad 16,53$$

für das Gas von 2. aus 4 Analysen

$$CO_2 \ldots \ldots \quad 4,754$$
$$O \ldots \ldots \ldots \quad 12,016$$
$$\text{Summa} \quad 16,77.$$

Brennbare Bestandtheile und daraus folgende Werthe bei vollständiger Verbrennung:

			CO_2	Verbrauch an Sauerstoff	Contraction
1.	CO	0,128	0,128	0,064	0,064
	H	0,104	—	0,052	0,156
	CH_4	0,105	0,105	0,210	0,210
2.	CO	0,161	0,161	0,081	0,081
	H	0,139	—	0,069	0,208
	CH_4	0,155	0,155	0,310	0,310.

Bei vollständiger Verbrennung würde also das Gas von 1. enthalten haben

$$CO_2 \quad 4,754 + 0,316 = 5,07$$
$$O \quad 12,016 - 0,460 = 11,556 \quad \text{in } 100 - 0,599 = 99,4 \text{ ccm.}$$

Daraus berechnet sich die Zusammensetzung

	1.		2.
CO_2	5,1	die gleiche Rechnung	4,5
O	11,6	ergibt für	12,0
Summa	16,7		16,5.

---

[1]) Die zweiten und dritten Decimalen sind nur durch die Berechnung des Mittels veranlasst. Die Genauigkeit der Analyse geht nicht über die erste Decimale hinaus.

[2]) Für die Berechnung des Wärmeverlustes durch unverbrannte Bestandtheile der Rauchgase ist es nicht erforderlich, eine fractionirte Verbrennung derselben vorzunehmen. Es

Trägt man diese Zahlen in ein Coordinatennetz in der Weise ein, die Eingangs dieserArbeit beschrieben wurde, so erhält man zwei Punkte, den einen diesseits, den anderen jenseits der Leuchtgaslinie.

Für 4,5% CO_2 berechnet $CO_2 + O$ = 17,0
         gefunden   » 16,5
» 5,1% » berechnet » 16,48
         gefunden   » 16,70

Es ist früher dargethan worden, dass Bildung brennbarer Gase aus dem Schmieröl, welche unverändert in's Rauchgas gelangen, in keinem merklichen Umfang stattthat. Die vorstehenden Berechnungen sprechen dafür, dass auch Verbrennung des Schmieröls unter Bildung von Kohlensäure und Wasser in keinem erheblichen Umfange verglichen mit der durch Leuchtgasverbrennung gebildeten Kohlensäure vor sich geht.

Die Auspuffgase des Schiebermotors wurden der fractionirten Verbrennung bei drei verschiedenen Temperaturen unterworfen. (Tabelle V.)

---

genügt vielmehr, die Gewichte von CO_2 und H_2O zu kennen, welche eine Gesammtverbrennung ergibt. Bunte hat schon vor längerer Zeit (Fresenius, Zeitschr. für analyt. Chemie 1881, S. 165) hierauf aufmerksam gemacht. Die Rechnung, welche bei Bunte in etwas anderer Form dargestellt ist, gründet sich auf folgende Ueberlegung: $CO + 2 H_2$ ergibt bei der Verbrennung die gleichen Gewichte CO_2 und H_2O wie CH_4.

Nun beträgt aber der Heizwerth pro cm (bezogen auf Wasserdampf als Endproduct)

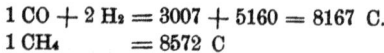

$$1 CO + 2 H_2 = 3007 + 5160 = 8167 \text{ C.}$$
$$1 CH_4 = 8572 \text{ C.}$$

Die gewichtsmässig ermittelten Mengen an CO_2 und H_2O lassen sich nun stets auf ein Gemisch von Methan mit Kohlenoxyd oder von Methan mit Wasserstoff berechnen. Führt man die Rechnung aus und legt dem berechneten Methan den Heizwerth von 8350 Cal. (Mittel von CH_4 und $CO + 2 H_2$) bei, während CO mit dem Heizwerth 3007 und Wasserstoff 2580 bewerthet werden, so ist der entstehende Fehler so klein, dass er bei der Geringfügigkeit der im Rauchgase enthaltenen Mengen von CH_4, H, CO in allen Fällen vernachlässigt werden kann.

Es ist übrigens auch leicht ersichtlich, dass eine volumetrische Bestimmung des Verbrennlichen im Rauchgas durch Verbrennung aller brennbaren Antheile mit Luft über glühendem Platinasbest, bezw. mittels eine Platincapillare eine genügende Genauigkeit in der Berechnung

---

Tabelle V.

	Füllgeschwindigkeit Cylinderwandung comp.p.Min.	Kohlensäure vor der Palladiumschlange CO_2 g	H_2O g	hinter der Palladiumschlange CO_2 g	H_2O g	Temperatur der Palladiumschlange	hinter dem Platinasbest CO_2 g	H_2O g	das unverbrannte lieferte insgesammt CO_2 g	H_2O g	Atomverhältnis C:H aus IX und X	C:H aus IV und VI	C:H aus IV und VII	Unvollständig Volum d. das durchged gel Gases III u. IV	Reduc. CO_2 aus dem durchgel Gases V u. VI	CO_2 aus III u. IV
	I	II	III	IV	V	VI	VII	VIII	IX	X	XI	XII	XIII	XIV	XV	XVI
1. 21,5°—25°	1333	2,2377	0,0075	0,0061	0,0233	177—178	0,0633	0,0368	0,0608	0,0429	1:3,45	—		2,64	25,960	4,38
2. 73°—78°	1070	2,0567	0,0126	0,0198	0,0274	228—230	0,0437	0,0274	0,0565	0,0472	1:4,09	1:7,56	—	2,67	24,315	4,30
3. 28°	1500	1,5997	0,0261	0,0233	0,0309	448	0,0356	0,0309	0,0617	0,0642	1:4,29	—	1:4,23	3,73	21,980	3,69

Anmerkungen zu 1. Kohlensäure- und Sauerstoffbestimmung im Ballongas zu Beginn des Versuches: 4,95% CO_2, 11,5% O; Ballongas nach Beendigung des Versuches: 3,4% CO_2, 12,3% O. Mittel aus diesen beiden Kohlensäurebestimmungen CO_2 = 4,18%.

zu 3. Kohlensäure und Sauerstoffbestimmungen in Momentanproben des Auspuffgases: CO_2 5,80, 3,53, 4,51%, O 9,34, 13,75, 11,78%; Kohlensäure und Sauerstoffbestimmung im Endgas im Ballon CO_2 2,69%, 2,58%, Mittel 2,64%; O 13,47%, 13,58%, Mittel 13,52%.

Die Temperatur der Cylinderwandung wurde in einem mit Oel gefüllten Sack im Cylindermantel gemessen.

Die Versuche 1 und 2 zeigen sehr deutlich die Anwesenheit von CO und H; obwohl freier Wasserstoff wie aus dem Atomverhältniss C : H in 2 XII hervorgeht, reichlich vorhanden ist, verbrennt er nur spurenweise bei der Temperatur in der Schlange, bei der in ihr 0,1 %/$_0$ reiner Wasserstoff bei einem früher beschriebenen Versuch quantitativ sich oxydirte. Mit charakteristischer Deutlichkeit macht sich also die hemmende Wirkung des Kohlenoxyds bemerkbar.

Die Atomverhältnisse C : H, die aus den Gesammtmengen des verbrennlichen sich berechnen, stimmen nahezu mit den Zahlen überein, welche am Ventilmotor sich fanden.

Berechnet man den dritten Versuch in der früher erläuterten Weise auf H, CO, CH$_4$ so ergibt sich:

%/$_0$ CH$_4$ 0,092
%/$_0$ H 0,085
%/$_0$ CO 0,058

Die Zusammensetzung ist im allgemeinen die gleiche wie früher, nur CO tritt etwas zurück. Die Heizwerthverlustrechnung ergibt 4,8 bis 5,1 %/$_0$. Es bedarf der Hervorhebung, dass die Verbrennung im Schiebermotor beim Sechzehntact immer nur bei jeder ersten Explosion, die auf zwei Leergänge folgt, unvollständig sein kann. Bei der

des Heizwerthverlustes gestattet. Bei dieser Verbrennung ergeben sich als gemessene Werthe:

1. C die Volumänderung nach der Verbrennung und darauf folgender Kohlensäureabsorption.

2. Vo der Sauerstoffverbrauch bei der Verbrennung.

Nun ist für Methan $\dfrac{C}{Vo} = \dfrac{3}{2}$,

für ein Gemenge von CO + H ist $\dfrac{C}{Vo} = 3$.

Für ein beobachtetes Verhältniss $\dfrac{C}{Vo} = \alpha$ ergibt sich sonach, dass in hundert Theilen brennbarer Rauchgasbestandtheile vorhanden sind

CH$_4$ = 66,6 (3 — α),
CO + H = 100—66,6 (3 — α);

bewerthet man jetzt CH$_4$ mit seinem Heizwerth von 8572 Cal., CO + H mit 2800 Cal. pro 1 cm (Mittel aus CO = 3007, H = 2580), so ist der Fehler ein verschwindender.

Es sei beispielsweise für ein Leuchtgas der Heizwerth 5200 Cal., der Gehalt an CO$_2$ 3,71%/$_0$ im Rauchgas, der an unverbranntem 1%/$_0$; es sei ferner, um die Annahmen so ungünstig als möglich zu gestalten, weder Methan noch H, sondern nur CO vorhanden.

Dann ergibt sich: es entsprechen 100 l Rauchgas mit 3,71 l CO$_2$ erzeugten 34,64 Cal., 1%/$_0$ CO = 1 l in 100 l Rauchgas 3,01 Cal.

Aus den obenstehenden Auseinandersetzungen würde folgen 1%/$_0$ (CO + H) = 2,80 Cal, d. h. statt eines thatsächlichen Verlustes durch Unverbranntes im Rauchgas = 8,0%/$_0$ würden 7,5%/$_0$ sich berechnen. Der Unterschied von 0,5%/$_0$ des Heizwerthes unter diesen höchst ungünstig angenommenen Verhältnissen beweist genügend die Zulässigkeit der Rechnung.

Somit lässt sich durch Bestimmung von Vo und C jede bez. Aufgabe mittels folgender Gleichungen lösen:

$$^1/_2 \,(CO + H) + 2\,CH_4 = Vo$$
$$1^1/_2 \,(CO + H) + 3\,CH_4 = C$$
$$CH_4 = Vo - \frac{C}{3}$$
$$CO + H = \frac{4}{3}\,C - 2\,Vo.$$

zweiten Explosion muss vollständige Verbrennung statthaben, da anderenfalls auch bei einer ununterbrochenen Reihe von Explosionen — Vollbelastung — unvollständige Verbrennung müsste beobachtet werden können; denn die Verhältnisse im Motor bei der zweiten Explosion enthalten nichts, was sie von denjenigen unterschiede, die in einem ohne Leergang laufenden Motor dauernd herrschen. Die Menge der brennbaren Bestandtheile, welche die erste Explosion nach zwei Leergängen erzeugt, bezw. übrig lässt, ist also ein mehrfaches[1]) derjenigen, welche procentisch im Rauchgase nachweisbar ist, da sie durch die von brennbaren Bestandtheilen freien Rauchgase der zweiten Explosion und durch das Auspuffgas von zwei Leergängen verdünnt wird.

E. Schlussfolgerungen.

Beide untersuchten Motoren zeigten bei Vollbelastung vollständige Verbrennung des Leuchtgases, bei verminderter Belastung unvollständige Verbrennung. Im letzteren Falle entweichen CO, H, CH_4 mit den Rauchgasen.

Das Schmieröl spielt dabei, wenn überhaupt, so doch eine ganz untergeordnete Rolle.

Die Kühlwassertemperatur ist für die Entstehung und Menge brennbarer Abgase unerheblich.

Die Ursache des Auftretens, ebenso wie die Zusammensetzung der brennbaren Gase, ist ganz verschieden von den bei der Verbrennung an gekühlten Flächen auftretenden Erscheinungen.

Dort erklärt sich die Unvollständigkeit der Verbrennung daraus, dass ein Strom verbrennlicher Gase zum Theil, bevor er den zur Oxydation nöthigen Sauerstoff erreicht, unter seine Verbrennungstemperatur abgekühlt wird. Hier unterliegt ein explosibles Gemenge fertig gebildet der Entzündung, die es in Zeit von einigen hundertstel Secunden verbrennt. Unter diesen Umständen ist ein Einfluss, denn eine niedere Temperatur der Cylinderwandung auf die ihr benachbarten Gastheilchen üben könnte, nur insofern denkbar, als eine kalte Wandung anliegende Gastheilchen gegenüber der Hauptmasse des Gases in ihrer Temperatur vor der Explosion erniedrigen könnte; kalte Gasluftmischungen haben aber engere Explosionsgrenzen als heissere. Dieser Einfluss ist aber thatsächlich gleich Null zu bewerthen, da die Gasmasse in heftiger Bewegung begriffen ist und dadurch Rand- und Kernschichten fortwährend durch einander wirbeln, sodass beim Eintritt der Explosion die Temperatur in allen Theilen der Füllung zweifellos eine sehr nahezu gleiche und überdem von der Temperatur der innersten Wandschicht nicht sehr abweichende ist.

Die Unvollständigkeit der Verbrennung ist vielmehr derselben Ursache zuzuschreiben, die Bunsen in seinen gasometrischen Methoden als analytische Fehlerquelle bei der Gasanalyse bespricht. Wenn ein explosibles Gemenge bis in die Nähe seiner Explosionsgrenze verdünnt ist, dann ist die Verbrennungstemperatur eine niedere und die Verbrennung eine unvollständige, weil nicht alle verbrennlichen Theilchen in der kurzen Zeit, während deren sie von der Erhitzung durch die fortschreitende, wenig heisse Flamme getroffen werden, bis auf ihre Verbrennungstemperatur gelangen. Es ist eine hundertfältig bestätigte gasanalytische Erfahrung, dass solche Explosionen,

---

[1]) Sie wäre genau das vierfache, wenn der Sammelballon nach Leerläufen ebenso viel Gas aufnähme, wie nach Explosionen, was nicht der Fall ist.

die äusserlich daran kenntlich sind, dass die Flamme langsam mit dem Auge verfoigoar das Gemenge durchläuft, unvollständige Verbrennungen liefern.

Wäre das Gemisch im Gasmotor ein gleichmässiges, so könnte Unvollständigkeit der Verbrennung aus dieser Ursache nicht entstehen, denn eine solche Verbrennung schreitet zu langsam vor, als dass sie den Compressions- und Kolbenwegraum während eines Hubes durchlaufen könnte. Der Motor würde nicht mit solchen Füllungen arbeiten können. Die wirklich statthabende Explosion verläuft auch thatsächlich anders, nämlich kurz und präcis, wie der peitschenähnliche Knall verräth, den man hört, wenn der Dreiweghahn des Indicators mit der Atmosphäre verbunden wird, und wie aus dem Diagramm deutlich hervorgeht. Slaby hat diese Thatsache in seinen mehrfach erwähnten Untersuchungen auf das eingehendste sicher gestellt.

Das Gemisch im Gasmotor ist aber kein gleichmässiges, sondern enthält neben stark explosiblen Antheilen auch schwach explosible und unexplosible, und zwar von den letzteren beiden um so mehr, je gasärmer die Füllung ist. Diese Partien sind es, in denen die Explosion nicht kräftig, sondern langsam verläuft oder ganz aufhört und diese liefern unverbrannte Bestandtheile im Rauchgas.

Es kann kaum zweifelhaft sein, dass diese schwach und gar nicht explosiblen Antheile an der Kolbenfläche zu suchen sind Das Auftreten brennbarer Bestandtheile im Auspuffgase erklärt sich sonach etwa wie folgt

Der Ansaugehub setzt ein, wenn der Compressionsraum mit Auspuffrückstand gefüllt ist, dieser Auspuffrückstand weicht mit beginnendem Ansaugehub in den Kolbenwegraum zurück, während sich zuerst Luft und einen Augenblick später, nachdem das Gaseinlassventil sich geöffnet hat, Gasluftmischung dahinter schichtet. Diese Schichtung in drei Zonen — Auspuffrückstand, Luft, Explosionsgemisch — verwischt sich beim Compressionshub zum grossen Theil, aber doch nicht so vollständig, dass nicht eine durch starke Explosibilität ausgezeichnete Mischung in der Nähe des Zündkanals eine schwach explosible an der Kolbenfläche sich findet. Je ungünstiger das Füllungsverhältniss, um so entfernter von der Kolbenfläche liegt jene Grenze, bis zu welcher eine präcise und scharfe Explosion statt hat, um so dicker die hinter dem Kolben liegende Schicht, welche schwach oder gar nicht explosibel ist.

Es ist nicht unmöglich, dass diejenigen Leuchtgasbestandtheile, welche von den anderen durch Partialdruck und Diffusionsgeschwindigkeit begünstigt sind, vornehmlich in diese Schicht eindringen und dadurch der Verbrennung entgehen. So würde das Auftreten von Wasserstoff und Methan im Abgase sich erklären. Doch zeigt die Anwesenheit von CO, dass die Verhältnisse complicirter liegen und noch weiterer Studien bedürfen

Immerhin sind im Wesentlichen die Ursachen der Bildung brennbarer Rauchgasbestandtheile, wie aus dem Gesagten hervorgeht, beim Ventilmotor aus der kleineren Füllung einzusehen.

Beim Schiebermotor hingegen erscheint es zunächst nicht leicht verständlich, welche Verhältnisse die Unvollständigkeit der Explosion veranlassen. Es ist bereits hervorgehoben worden, dass in jedem Sechzehntact nur die erste den Leergängen folgende Explosion specifisch von denjenigen Explosionen verschieden ist, welche in einer Reihe ununterbrochener Füllungen statthaben. Diese Verschiedenheit ist mit dem Ohr direct wahrnehmbar, wenn der Dreiweghahn des Indicators so gestellt wird, dass der Cylinderinhalt mit der Aussenluft communicirt. Der Knall jeder ersten Explosion ist deutlich matter. Führt man die Trommel des Indicators mit der

Hand und lässt den Stift eine Reihe von Explosionen neben einander schreiben, so zeigt sich, dass die Höhe jeder ersten Explosion bedeutend kleiner als die jeder zweiten ist (siehe Fig. 18). Nimmt man schliesslich ein Diagramm im Sechzehntact auf, so zeigt dieses (Fig. 19) für jede erste Explosion nach zwei Leergängen die langsam ansteigende Explosionslinie eines ungünstigen Füllungsverhältnisses, für jede zweite die rasch ansteigende des stark explosiblen Gemenges, die mit der Explosionslinie im Diagramm des vollbelastet ohne Aussetzen arbeitenden Motors zusammenfällt.

Es ist möglich in hypothetischer Weise ein verschiedenes Füllungsverhältniss des Motors trotz gleicher Oeffnungsweite des Gaseinlassventils abzuleiten, indessen würden solche Betrachtungen zu weit über den Rahmen dieser Arbeit hinausgreifen. Es sei

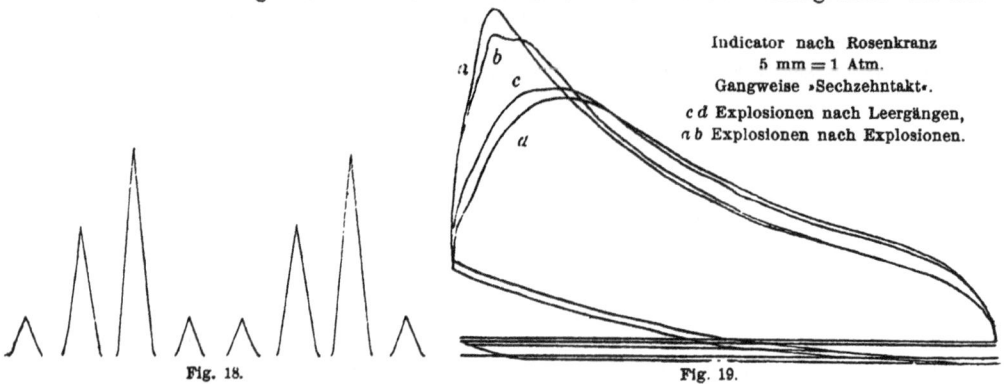

Indicator nach Rosenkranz
5 mm = 1 Atm.
Gangweise »Sechzehntakt«.

c d Explosionen nach Leergängen,
a b Explosionen nach Explosionen.

Fig. 18.   Fig. 19.

nur angemerkt, dass hier offenbar ganz dieselben Verhältnisse vorliegen, die beim Ventilsteuerungsmotor, wenn derselbe halbbelastet mit vollgeöffnetem Gashahn lief, bewirkten, dass die ersten Füllungen jeder Serie sehr viel öfter unentzündet blieben als die letzten.

Es genüge hier festzustellen, dass beide Motoren brennbare Rauchgase abgaben, als die Explosion mit verminderter Intensität statt hatte, was bei dem einen infolge der absichtlich verkleinerten Gasfüllung, bei dem anderen trotz constanter Oeffnungsweite des Gaseinlasshahnes jeweils nach 2 Leergängen statthatte. Das Entweichen brennbarer Antheile mit dem Rauchgase ist also eine Erscheinung, welche schwache Explosionen begleitet. [1]

---

[1] Zum Schluss bemerke ich, dass die Firma C. Desaga in Heidelberg auf Erfordern die in diesen Abhandlungen beschriebenen Apparate und Vorrichtungen zu liefern im Stande ist.

Haber.

Druck von R. Oldenbourg in München.

www.ingramcontent.com/pod-product-compliance
Lightning Source LLC
Chambersburg PA
CBHW081230190326
41458CB00016B/5736